Tuch und Manufacturwaaren.

Über den Autor

Dr. Martin Westphal, Jahrgang 1956, ist Kulturwissenschaftler und ein profunder Kenner der Rendsburger Stadtgeschichte. Er leitete von 1990 bis 2022 die Museen im Kulturzentrum Rendsburg und erarbeitete in dieser Funktion zahlreiche stadthistorische Ausstellungen und Publikationen.

Rendsburg

Blick über Rendsburg im Jahr 1913.

Martin Westphal

Rendsburg

Bilder und Geschichten aus vergangenen Zeiten

SUTTON

Immer was zu sehen! An der Baustelle Kanaltunnel, um 1959.

Bildnachweis: Die Bilder stammen aus den Museen im Kulturzentrum Rendsburg und aus dem Privatbesitz des Autors.

Einband vorne: Blick auf das Rendsburger Stadttheater und die Sparkasse, Anfang der 1950er-Jahre.
Vorsatz: An der Schiffbrücke mit Blick in die Hohe Straße, 1886.
Nachsatz: Nach der Befreiung: ein englischer Soldat am Rendsburger Kreishafen, um 1946.
Einband hinten: Absolventen des Jahrgangs 1912/13 der Königlichen Tiefbauschule.

Impressum

Sutton Verlag GmbH
Schweickhardtstraße 1
72072 Tübingen
www.suttonverlag.de

ISBN: 978-3-96303-562-3
Printed in Poland by CGS
Gestaltung und Herstellung: Sutton Verlag

In diesem Buch wird aus Gründen der besseren Lesbarkeit das generische Maskulinum verwendet. Weibliche und anderweitige Geschlechteridentitäten werden dabei ausdrücklich mitgemeint, soweit es für die Aussage erforderlich ist.

Inhalt

Am Barackenlager der Kanalarbeiter in Rüsterbergen, um 1892.

Einleitung

Rendsburger Stadtgeschichte(n)

Was macht diese Stadt im Herzen Schleswig-Holsteins mit bewegter Stadtgeschichte aus? Heute setzt sich ihre sichtbare DNA aus vielen Komponenten zusammen: so der stadtprägende Nord-Ostsee-Kanal als die meistbefahrene künstliche Wasserstraße, die stählerne Eisenbahnhochbrücke samt Schwebefähre, die innerstädtische Wasserlage an Unter- und Obereider, die Segel- und Ruderboote, das barocke Neuwerk samt Paradeplatz, Christkirche und Hauptwache, die historische Altstadt mit Glockenspiel am Alten Rathaus, das längste Ruderrennen der Welt, ein strahlendes Stadttheater ... Doch geben diese touristischen Attraktionen Rendsburg ein Gesicht? Sind historische Daten aus der Stadtgeschichte als Antwort hilfreich?

Eine erste urkundliche Erwähnung der Reinholdesburg findet sich im Jahr 1199 als Siedlung im geschützten Flussbett der Eider, welche dann bis 1864 als Grenzfluss zwischen dem dänischen Königreich und seinen südlichen Nachbarn definiert war. Unter dänischen Königen mehrfach als Festung und Garnison ausgebaut, sollte Rendsburg als südlichste Grenzanlage Dänemark vor feindlichen Attacken schützen. Während der letzten Festungserweiterung entstand Ende des 17. Jahrhunderts sogar ein völlig neuer, militärisch geprägter Stadtteil – das Neuwerk. Ab 1864 gehörte die Stadt zu Preußen. Und folgerichtig wurden vier Stadttore und alle Festungswälle abgetragen, der Handel mit der Außenwelt belebte nun das Wirtschaftsleben der Stadt. Doch nach wie vor dominierten Uniformen das Stadtbild – von preußischen Truppen über Reichswehr, Wehrmacht, Bundeswehr und NATO-Verbänden: über 350 Jahre lebten die Bewohner mit und von den Soldaten. Seit 2010 ist Rendsburg kein Militärstandort mehr.

Die Bevölkerung hat sich immer wieder diesen Begebenheiten angepasst und Fremde nach anfänglich zögerlicher, norddeutsch-unterkühlter Wahrnehmung in die Gemeinschaft aufgenommen. Allein die Flüchtlings- und Vertriebenenwelle während und nach dem Zweiten Weltkrieg ließ die Zahl der registrierten Einwohner von 18.000 auf gut 40.000 ansteigen. Viele von ihnen sind in Rendsburg sesshaft geworden und wissen mittlerweile, wie viele Nieten die Rendsburger Hochbrücke hat (es sind 3,2 Millionen).

Die hier veröffentlichten Rendsburger Schlaglichter und Episoden sind als unterhaltsame Ergänzung zur Stadtgeschichte zu verstehen. Angesprochen werden alle, die sich mit dieser Stadt am Nord-Ostsee-Kanal verbunden fühlen, hier heimisch oder auf der Suche danach sind, was Rendsburg zu einer liebenswerten Stadt in der Mitte Schleswig-Holsteins macht. Und für vertiefende Informationen ist das Historische Museum Rendsburg immer einen Besuch wert!

Im Stegen in den 1920er-Jahren.

Die Abrissbirne am Jungfernstieg – Rendsburg verliert sein ursprüngliches Gesicht

Die prachtvolle Aufnahme des Rendsburger Fotografen Friedrich Mertens aus dem Jahr 1898, der sich dazu die Perspektive vom Gymnasiumsberg (Standort des heutigen Neuen Rathauses) ausgesucht hatte: Wir blicken fasziniert auf eine Aneinanderreihung von stattlichen Gebäuden, die dem Rendsburger Jungfernstieg eine beinahe großstädtische Anmutung verlieh.

Von links nach rechts sind zu sehen: hinter den Bäumen das legendäre „Greens Hotel", das sogenannte Westbankhaus, die ehemalige Feuerwache mit Schlauchturm an der Ecke Jungfernstieg/Holstenstraße sowie die Sahrsche Mühle am Standort der heutigen Postbank. Die Reihe wird komplettiert durch das links von „Greens Hotel" hier gesondert abgebildete Gebäude der Spar- und Leih-Kasse Rendsburg an der Ecke Jungfernstieg zur Bahnhofstraße.

Fast alle hier genannten Gebäude fielen Anfang der 1970er-Jahre beinahe zeitgleich der Abrissbirne zum Opfer. Der Hintergrund: Im Juni 1968 beschloss die Rendsburger Ratsversammlung, den Plänen des städtischen Oberbaurats Hübner zu folgen und seine Idee einer Westtangente als Lösung innerstädtischer Verkehrsprobleme zu realisieren. Ging vormals der Autoverkehr bei stetig zunehmender Motorisierung an Stadttheater und Sparkasse vorbei durch die Bahnhofstraße oder alternativ über den Jungfernstieg und Paradeplatz, sollte nun die Altstadt durch eine ganz neue Tangente vom Autoverkehr befreit werden und die Materialhofstraße für Entlastung sorgen.

Für die Architektur im Jungfernstieg bedeutete dies, sich dem Zeitgeist der Siebziger Jahre zu beugen. Altes musste verschwinden, Neues musste gebaut werden, so vor allem das heutige Westbankhaus. Und so nahm das Schicksal für dieses Gebäudeensemble seinen Lauf:

Der erste Spatenstich für das uns heute bekannte, dominante Hauptgebäude der Sparkasse Mittelholstein erfolgte Anfang 1983 auf dem planierten ehemaligen Standort der Spar- und Leih-Kasse Rendsburg, erbaut 1898/99 vom renommierten Bauunternehmer Ludwig Koth.

„Greens Hotel" war das erste Haus am Platze, in den Jahren 1882/83 ebenfalls von Ludwig Koth erbaut. Der Abbruch erfolgte 1972 unter großer Anteilnahme der Bevölkerung. Die benachbarte Schleswig-Holsteinische Westbank, erbaut 1914/16 durch Ludwig Koth, fiel im gleichen Jahr.

Die rechts davon befindliche städtische Feuerwache mit dem stattlichen Schlauchturm auf dem Eckgrundstück zur Holstenstraße stammte aus dem Jahr 1881 und musste aus Platzgründen 1969 zugunsten des neuen Standorts in der Herrenstraße aufgegeben werden. Auch sie verschwand 1972 aus dem Stadtbild am Jungfernstieg.

Das Schicksal der Sahrschen Mühle war jedoch bereits bei Eröffnung des Nord-Ostsee-Kanals 1895 besiegelt. 1844 durch den Müller Sahr als Graupenmühle am Wasserlauf des Holstengrabens errichtet, musste sie den Gegebenheiten Tribut zollen: durch die Kanalgründung

Blick vom Gymnasiumsberg auf den Jungfernstieg mit „Greens Hotel", Rendsburger Bank, Feuerwache mit Schlauchturm und der Sahr'schen Mühle, um 1898. Foto von Ludwig Mertens.

sank der Wasserspiegel in der Stadt schlagartig, der Holstengraben fiel daraufhin trocken und musste zugeschüttet werden, heute verläuft hier die Holstenstraße. Bald darauf wurde der Geschäftsbetrieb an den Obereiderhafen verlegt. Dort wurde die Sahrsche Mühle Anfang Januar 1968 durch ein Großfeuer vernichtet.

Einzig das im Jahr 1900 errichtete Stadttheater, zudem komplett finanziert durch die Spar- und Leih-Kasse Rendsburg, sowie der „Pelli-Hof" als Wohnhaus des Festungsbaumeisters Domenico Pelli aus dem Jahr 1722, stehen heute noch als historische Anfangs- und Endpunkte einer längst verschwundenen Architektur im Jungfernstieg und sind Überlebende einer städtebaulichen Entwicklung, die nur aus ihrer Zeit heraus zu erklären ist und uns heute befremden mag.

Die Rendsburger Spar- und Leih-Kasse mit dem Pfahler-Brunen am Stadttheater, um 1912. ►

Das „Greens Hotel" war um 1905 das erste Haus am Platz.

Die Kleinbahn Rosa – Halt an jeder Milchkanne

Im Jahr 1893 begann die Geschichte der Kleinbahn Rosa mit den planerischen Vorarbeiten für die Streckenführung von Rendsburg bis nach Hohenwestedt. Die projektierte Streckenführung ging ab dem Kleinbahnhof in der Berliner Straße (heute: Haus der Verbände) durch die Hindenburgstraße zur Kanalquerung über die damalige Drehbrücke am Conventgarten mit Haltestellen in Westerrönfeld, Schülp, Jevenstedt, Dammstedt, Spannan, Legan, Stafstedt, Luhnstedt Nindorf, Remmels und Hohenwestedt. Doch erst sieben Jahre später, nach äußerst zähen und mühevollen Verhandlungen mit allen betroffenen Gemeinden und Grundbesitzern, zumeist über die Höhe der zu zahlenden Eigenanteile, war im Jahr 1900 die Finanzierung endlich gesichert und der Bau der Bahntrasse konnte in Angriff genommen werden. Nach nur einjähriger Bauzeit wurde die Kleinbahn Rosa am 20. Dezember 1901 unter lebhafter Anteilnahme der Bevölkerung eingeweiht und einen Tag später dem öffentlichen Verkehr übergeben.

Durch die Kleinbahn Rosa wurde das in dem Dreieck Rendsburg – Neumünster – Hohenwestedt gelegene Gebiet für den Nahverkehr erschlossen und die Fahrzeit von Rendsburg nach Hohenwestedt konnte um die Hälfte verkürzt werden.

Die zuverlässige Fahrt mit der Kleinbahn bei Wind und Wetter und zu verlässlichen Zeiten war vom ersten Tag des Bahnbetriebes ein voller Erfolg. Die Bevölkerung nahm diese neuartige Form des Nahverkehrs mit derart wachsender Begeisterung an, dass bereits wenige Jahre nach Inbetriebnahme die knapp 31 Kilometer lange Strecke in Richtung Südwesten mit weiteren Haltestellen in Wapelfeld, Reher, Viehhorn, Puls und Oldenborstel bis zur Endstation in Schenefeld ausgebaut wurde. Mit dem Bau dieser 14,7 Kilometer langen Anschlussstrecke wurde im Jahr 1914 begonnen. Am 14. Februar 1916, mitten im Ersten Weltkrieg, wurde auch dieses Bauvorhaben abgeschlossen.

Das Wirtschaftsleben im gesamten Einzugsbereich der Kleinbahn Rosa wurde durch den Bau der Trasse entscheidend beeinflusst und blühte förmlich auf. Massengüter, wie zum Beispiel Düngemittel, Kalk und Brennstoffe für die Landwirtschaft, konnten nun billiger und für die Abholung an der angegebenen Haltestelle geliefert werden. Und man transportierte mit der Kleinbahn sogar Getreide und Vieh. So manche Fahrt lief als reiner Schweinetransport von Nord nach Süd und umgekehrt. Dazu hängte man für die Schmalspur passende Güterwaggons an die Personen-Triebwagen oder an die schwarzen, kompakten Loks – im Volksmund liebevoll „Kohlenkästen“ genannt. Aber nicht nur der Güterverkehr, sondern vor allem der Personenverkehr nahm mit der Kleinbahn Rosa ständig zu. Die Schulkinder aus den umliegenden kleineren Ortschaften konnten nun bequemer, schneller und sicherer ihre weiterführenden Schulen in Rendsburg erreichen, und am Wochenende beförderte die Rosa Ausflügler mit extra annoncierten „Fahrten ins Blaue“ in die Sommerfrische.

Als sich nach dem Zweiten Weltkrieg Lastwagen und Autos mehr und mehr durchsetzten und die individuelle Motorisierung immer mehr an Bedeutung gewann, war die Zeit für die

Die Kleinbahn Rosa passiert auf ihrem Weg nach Hohenwestedt die Rendsburger Drehbrücke, um 1953.

Kleinbahn Rosa unweigerlich vorbei. Und so verließ am 19. September 1956 die Kleinbahn Rosa ein letztes Mal den Kleinbahnhof in Rendsburg, girlandengeschmückt und mit geladenen Fahrgästen in den vollbesetzten Wagen. Sie fuhr wie in all den Jahren zuvor von Haltestelle zu Haltestelle, von Ort zu Ort, begleitet von großem Beifall, Blasmusik und spürbarer Anteilnahme auf ihrer letzten Fahrt Richtung Endstation in Schenefeld. Und ein letztes Mal hieß es im Abteil: „Blumen pflücken während der Fahrt verboten!“

Die „Rosa“ in der Rendsburger Hindenburgstraße, um 1954.

CAFE
FRISEUR
JUNO

Über 110 Jahre „Bullentempel“ – die Rendsburger Nordmarkhalle

Von Süden kommende Bahnreisende haben bis heute nach Überquerung des Nord-Ostsee-Kanals von der Eisenbahnhochbrücke einen unverstellten Blick auf eines der prägenden historischen Gebäude Rendsburgs: kurz vor Beginn der Fahrt durch die „Schleife“ erscheint wuchtig linker Hand die Nordmarkhalle, die zur Eröffnung 1913 noch offiziell „Viehmarkthalle“ hieß.

Doch wie kam Rendsburg zu einer derartigen Halle, die heute zu einem der größten Backsteinbauten im Stadtgebiet zählt? Bis 1909 fanden regelmäßig wöchentliche Vieh-, Pferde- und Schweinemärkte auf dem Schlossplatz unter freiem Himmel statt, bis das in jenem Jahr verkündete Viehseuchengesetz derartige Märkte auf öffentlichen Plätzen verbot. Guter Rat war jetzt gefragt und auch schon damals teuer – doch es half nichts: ein Neubau für derartige Vieh- und Pferdemärkte unter einem möglichst großen Dach musste her. Als Standort wurde das stadteigene Gelände unweit des Rendsburger Güterbahnhofs gewählt. Beauftragt wurde der Kieler Architekt Johann Theede (1876–1934), der eine dreiflügelige Hallenkonstruktion im damals angesagten sogenannten „Heimatschutzstil“ in Form einer Backsteinbasilika mit einem frontalen, zentralen Eingang an seiner nördlichen Stirnseite entwarf und bauen ließ.

Im Inneren ist bis heute noch die imposante Eisenkonstruktion mit einem Oberlichtband erhalten, und bis 1993 wurden in der Nordmarkhalle noch Viehauktionen abgehalten. 1999 bis 2000 wurde das Gebäude durch einen vorgesetzten Metall-Glas-Kubus erweitert, um den Zugang zu den Hallen im Erdgeschoss und im ersten Obergeschoss zu erleichtern. Der Anbau ist aus bauhistorisch-ästhetischer Sicht umstritten, ebenso wie das türkisfarbene Gestühl in der kleineren, separaten Halle im ersten Obergeschoss. Ursprünglich befanden sich dort terrassenförmig aufsteigende Holzeinbauten, die Anfang 2000 aus Brandschutzgründen entfernt wurden. Diese Veränderungen haben die besondere Atmosphäre des Raums, die durch große Boxkämpfe in den 1950er-Jahren geprägt war, stark beeinträchtigt.

Doch nicht nur die speziellen Vieh- und Pferdemärkte waren das Markenzeichen der Halle, sondern auch die bis heute jeweils am Freitagnachmittag sehr gut frequentierten Wochenmärkte mit buntem Angebot frischer Produkte aus der Region. Zudem Floh- und Antikmärkte, Babybörsen, Kleintierschauen, Fundsachenversteigerungen und vieles andere mehr. In der im ersten Obergeschoss befindlichen „Bullentempel“-Kneipe kann immer noch unbeschwert gefeiert werden.

Die Nordmarkhalle nach der Einweihung im Jahr 1913. ►

Das Stahlgerüst der Nordmarkhalle um 1911.

Auf der Hütte … Die Carlshütte in Büdelsdorf

Die Carlshütte war eine Eisengießerei in Büdelsdorf bei Rendsburg. Sie wurde 1827 vom Kaufmann Marcus Hartwig Holler (1796–1858) gegründet, da er einerseits die damals vermuteten Erzfunde in Büdelsdorf und andererseits die sich öffnenden Handelswege als wirtschaftliche Chance für sich und die Region erkannt hatte. Er benannte die Fabrik nach seinem Förderer, dem königlichem Gouverneur von Schleswig-Holstein Carl von Hessen.

Die Hütte war der erste Industriebetrieb im Land und sollte die Struktur des landwirtschaftlich geprägten Ortes Büdelsdorf grundlegend verändern. Schon bald nach der Gründung erwies sich die Verhüttung des Raseneisenerzes als unwirtschaftlich und man stellte auf die Produktion von gusseisernen Produkten um: von Öfen und Kochherden über Rindertränken, von Pförtchenpfannen, Waffeleisen, Pott und Pann, Türbeschlägen, Zaungittern, Eingangspforten bis hin zu den emaillierten Badewannen und Sanitäreinrichtungen im 20. Jahrhundert.

Holler galt nicht nur als Visionär, sondern vor allem als zielstrebiger und geschickter Unternehmer, der sich zudem in größerem Umfang sozialer Belange seiner Belegschaft annahm. Er bot Sozialleistungen, die andere Unternehmen erst Jahrzehnte später einführten, so beispielsweise ab 1833 eine Betriebskrankenkasse, diese bot ab 1838 freie Heilfürsorge an. 1840 gründete er eine Pensionskasse, die er subventionierte.

Mit der Fertigstellung des Kaiser-Wilhelm-Kanals 1895, dem späteren Nord-Ostsee-Kanal, setzte zudem ein weiterer wirtschaftlich starker Aufschwung ein. Im Jahr 1909 hatte die Carlshütte bereits über 1.100 Arbeiter und Angestellte und die Einwohner Büdelsdorfs brauchten durch die explodierenden Gewerbesteuereinnahmen zeitweise keinerlei Kommunalsteuern mehr zu zahlen. Der Firmengründer Holler starb überraschend 1858, und nach wechselnden Leitungen wurde im Jahr 1919 Julius Ahlmann (1880–1931) der Direktor auf der Carlshütte, der das Unternehmen durch die Turbulenzen der Weltwirtschaftskrise in den 1920er-Jahren führte. Nach seinem Tod 1931 übernahm seine Witwe Käte Ahlmann (1890–1963) die Leitung: auch damals eine Seltenheit, dass eine Frau an der Spitze eines Industrieunternehmens stand, des seinerzeit größten Stahlwerks in Norddeutschland.

Im Zweiten Weltkrieg stellte die Carlshütte ihre Produktion auf Rüstungsgüter um. Nun wurden Munitionen über 2 cm, Gießereierzeugnisse für Panzer, Teile für Kriegsschiffe und feinmechanisches Kriegsgerät hergestellt. Zum größten Teil wurden dafür sowjetische, französische, belgische und ukrainische Zwangsarbeiter und auch Zwangsarbeiterinnen eingesetzt, so dass im Jahr 1943 auf der Hütte mehr Zwangsarbeiter als regulär Beschäftigte zu finden waren. In den Aufbaujahren nach dem Zweiten Weltkrieg wuchs das Unternehmen schnell auf 3.000 Beschäftigte an. 1963 gründete Käte Ahlmann das Eisenkunstgussmuseum in Büdelsdorf als ihr Vermächtnis. Im selben Jahr verstarb sie und wurde unter großer Anteilnahme der Bevölkerung, insbesondere der Beschäftigten, in einem langen Trauerzug zu Grabe getragen.

Das Emailliergebäude der Carlshütte um 1850.

Noch in den 1970er-Jahren war vor allem die Produktion von emaillierten Badewannen das wirtschaftliche Standbein des Unternehmens, doch vor allem aufgrund sinkender Nachfrage nach Gusseisen-Produkten und dem Angebot alternativer, preisgünstigerer Kunststoffwaren musste die Carlshütte 1997 Insolvenz anmelden und wurde geschlossen. Trotz der Schließung wurde auf dem Firmengelände weitergearbeitet: Das 1946 von Josef-Severin Ahlmann (1924–2006) gegründete Unternehmen ACO begann in den 1960er-Jahren mit der Fertigung von Bauelementen und Fenstern aus Beton, gefolgt von den ersten Entwässerungsrinnen. Mit Beginn der 1980er-Jahre übergab Severin Ahlmann schrittweise die Verantwortung an seinen Neffen Hans-Julius Ahlmann. Heute ist ACO international führend im Bereich der Entwässerungstechnik. Auf Teilen des Carlshütte-Geländes findet jährlich im Sommer die NordArt statt, und in der großen Werkhalle steht heute noch der riesige Hochofen (der sogenannte „Kupolofen“) als Zeuge einer längst vergangenen Epoche.

Blick über die Obereider auf die Carlshütte. Aufnahme von 1880.

In der Werkhalle der Carlshütte, 1930.

Messestand der Carlshütte auf der Industriemesse in Essen, 1909.

Badewannenproduktion 1960 in der Carlshütte: Emaillieren.

Der Abriss der alten Herderschule

In den Jahren 1977/78 wurde das alte Herderschulgebäude auf der ehemaligen Bastion Holstein, Teil der bis 1864 aktiven Festungsanlage der Garnison Rendsburg, dem Erdboden gleichgemacht. Die Schule war als Nachfolge der Gelehrtenschule an der Marienkirche ab 1874 errichtet worden, da die Schülerzahlen stetig anstiegen und man nicht mehr ordnungsgemäß unterrichtet werden konnte. Aus einem dazu ausgeschriebenen Architektenwettbewerb war der Hamburger Baumeister Ramé als Sieger hervorgegangen, und die feierliche Einweihung erfolgte zu Ostern 1877 mit einem Bankett samt 11-Gänge-Menü im Germania-Restaurant am Paradeplatz.

Die neue Schule bot Lehrern wie Schülern alles, was man damals erwarten konnte: ausreichend Klassenräume, Physik-, Chemie- und Zeichensaal, eine Turnhalle sowie Lehrer- und Direktorzimmer. Die Wirkung der Architektur war für Schüler wie auch Lehrer nicht zu unterschätzen. Über eine breite Freitreppe ging man durch das Eingangsportal der Schule in die helle und geräumige Vorhalle mit ihren Kreuzgewölben, Säulen und Gipsnachbildungen antiker Skulpturen. Nun stand man vor dem nicht weniger imposanten, breiten Treppenaufgang. Das Prunkstück war jedoch unbestritten die Aula mit eingezogener Empore, einem wuchtigen Kronleuchter, den Kassettendecken und aufwendigen Stuckarbeiten – so einen Saal hatten man in Rendsburg vorher noch nicht gesehen! Im Park war ein Rondell mit einer Büste Kaiser Wilhelms I. aufgestellt und hinter dem Gebäude ein weitläufiger Schulhof angelegt worden.

Im Verlauf des nun mit etwa 300 Schülern startenden Unterrichtsbetriebs in der neuen Schule änderte sich nicht nur die Gewichtung des Lehrplans, sondern auch die Bezeichnung. Ursprünglich als Gymnasium preußischer Prägung konzipiert, wurde die Schule unter nationalsozialistischer Diktatur zur „Oberschule für Jungen“. Erst nach der Befreiung sollte ein Neubeginn in alter Schule mit neuem Namen erfolgen. Gegen Ende des Jahres 1945 erlaubte die britische Militärregierung die Wiedereröffnung der Oberschule – und 1947 hieß die Schule dann mit Rückbesinnung auf humanistische Bildungsideale „Herderschule“.

Durch den massiven Anstieg der Einwohnerzahlen Rendsburgs – hervorgerufen durch Flucht und Vertreibung infolge des Zweiten Weltkriegs – explodierten auch die Schülerzahlen in der Herderschule. Und erneut wurde über einen Anbau an das alte Herderschulgebäude oder einen großzügigeren Neubau unweit des Stadtsees gegenüber vom Pulverschuppen diskutiert. Wieder gab es einen Architektenwettbewerb. Der erste Preis ging an den Kieler Architekten Klingemann. Im Oktober 1960 konnte als erster Zwischenschritt der heute aktuell auf der Abrissliste stehende Hauptbau der Herderschule und ein angrenzender Klassentrakt mit 10 Klassen fertiggestellt werden. Von nun an pendelten Schüler wie Lehrer vom alten Gebäude auf der Bastion (dem heutigen Gymnasiumsberg mit Neuem Rathaus) über die weiße Brücke zur neuen Schule am Stadtsee. Der Unterricht fand nun über neun lange Jahre in zwei Schulgebäuden gleichzeitig statt. Erst 1969 war die neue Aula mit den sie umgebenden Klassenräumen fertiggestellt und die gesamte Herderschule konnte nun in den Neubau

Das Gymnasium, die spätere Herderschule, neun Jahre nach ihrer Einweihung auf dem Gymnasiumsberg 1886. Es wurde 1977/78 abgerissen und erhielt einen Neubau im Stadtseegelände.

umziehen. Die Schülerzahl lag jetzt bei 800, die von 45 Lehrkräften unterrichtet wurden. Die Sporthalle mit den großzügigen Zuschauertribünen wurde 1971 eingeweiht, gefolgt vom Sportplatz im Jahr 1974.

Die alte Herderschule hat Generationen von Schülern das geistige Rüstzeug für ihren weiteren Lebensweg mitgegeben, ihre stattliche Architektur rundete das beinahe großstädtisch anmutende Erscheinungsbild mit der historischen Bebauung am gegenüberliegenden Jungfernstieg ab. Sie wurde zugunsten des Neuen Rathauses 1977/78 abgerissen.

Abriss der Herderschule. Links im Anschnitt: die Westtangente. ▸

Die Herderschule im Jahr 1950.

Der rechte Seitentrakt fällt, 1978.

Die Milchbar am Jungfernstieg

Am 8. Mai 1945 war der Zweite Weltkrieg vorbei. Für viele Menschen hatte das Leid aber noch kein Ende. Millionen Menschen waren auf der Flucht aus den ehemaligen deutschen Ostgebieten. Ein großer Strom von Flüchtlingen und Vertriebenen kam auch nach Rendsburg, davon die ersten schon während des Krieges. Sie waren zum größten Teil aus dem stark zerstörten Hamburg geflüchtet. Nach Kriegsende kamen tausende Vertriebene aus den ehemaligen Ostgebieten hinzu, so dass 1946 mehr Flüchtlinge als Einheimische im Kreis Rendsburg lebten.

Viele der Flüchtlinge blieben in Rendsburg, so auch Eva Haarhaus. Am 14. Dezember 1910 in Brandenburg an der Havel geboren, kam sie nach Kriegsende als Flüchtling nach Rendsburg. Sie zählte zur sogenannten „Flüchtlings-Gruppe A", denn sie hatte vor 1938 in den deutschen Ostgebieten gelebt. Binnen weniger Jahre baute sie sich als alleinstehende Frau in Rendsburg eine neue und sehr erfolgreiche Existenz auf: zwischen 1955 und 1967 betrieb sie in einem schlichten Flachdachgebäude am Jungfernstieg eine Milchbar, die vor allem bei den Schülerinnen des fußläufig entfernten Helene-Lange-Gymnasiums und den Schülern der Herderschule sehr beliebt war. Hier traf man sich nach Schulschluss ganz unverfänglich auf einen Eisbecher oder Milchshake.

Die Milchbar befand sich gegenüber vom Pelli-Hof auf der gegenüberliegenden Jungfernstiegseite mit unverbautem Blick auf die Weiße Brücke und den Stadtsee und hatte den unverwechselbaren Charme der 50er-Jahre. Viele Rendsburger erinnern sich immer noch gerne an das Lokal mit seiner Gartenterrasse, über die es in einem Rendsburger Reiseführer von 1962 hieß:

„Die bezaubernde Milchbar, die hier gemeint ist, ein heiterer Bau aus gelben dänischen Klinkern, liegt am Jungfernstieg von Rendsburg. Sie wendet ihre breiten Aussichtsfenster, ein Balkönchen und eine Terrasse einem verträumten Rasen am Schwertlilienufer eines alten Eiderarms zu. Spätestens nachdem man sich einer 'Romanze in Milch' oder einer der anderen 130 Milch-Mix-, Eisbecher- und Sahne-Ergötzlichkeiten hingegeben hat, weiß man, dass dieses propere Milch-Lustschlösschen eines der hübschesten in unserem westlichen Vaterlande ist. Wenn Sie übrigens ein Gegner von Milch und Milchgetränken sind, so können Sie hier bekehrt werden."

Die ersten Milchbars entstanden Anfang der 1930er-Jahre in den USA als hilfloser Gegenentwurf zu den unzähligen Kneipen und Bars, die aufgrund der Prohibition, also des landesweiten Verbots der Herstellung, des Transports und des Verkaufs von Alkohol, schließen mussten. Wie viele andere amerikanische Moden kamen auch die „Milk Bars" in der Nachkriegszeit nach Europa und Deutschland. Die Milchbar in Rendsburg lag also voll im Trend. Zudem zeigt die Geschichte von Eva Haarhaus und ihrer Milchbar auch heute noch sehr aktuell, dass Migrantinnen und Migranten das Leben in Rendsburg seit jeher mitgestaltet und bereichert haben. Heute sind Freilichtmuseen auf der Suche nach möglichst noch in Gänze erhaltenen Milchbars als kultur- und baugeschichtliche Zeugen der 1950er-Aufbaujahre.

Blick auf die Milchbar von Eva Haarhaus im Stadtseegelände, aufgenommen in den 1960er-Jahren.

Die Milchbar war in den 1950er- und 1960er-Jahren ein beliebter Treffpunkt.

Die Geschichte der Rendsburger Strafanstalt

Alte Rendsburgerinnen und Rendsburger können sich noch gut daran erinnern: Bei der Fahrt über die Eisenbahnhochbrücke konnte man aus der Vogelperspektive in den Innenhof der Rendsburger Strafanstalt sehen und oftmals die Häftlinge bei ihrem Hofgang beobachten. Dieser stattliche, sternförmige Gebäudekomplex war bis zu seinem Abriss 1956 das größte Gebäude der Stadt und lag an der Kieler Straße auf der Höhe Röhlingsweg – dort, wo sich heute eine Tankstelle und die Parksiedlung befinden.

Dieser preußische Zweckbau wurde Anfang der 1870er-Jahre errichtet und 1875 eingeweiht. Er war für die Aufnahme von insgesamt 480 männlichen Insassen angelegt, die allesamt durch ein stattliches Eingangsportal in die Strafanstalt eingeliefert wurden. Im weiteren Verlauf wurde die Anzahl der Gefängniszellen auf letztendlich 681 erweitert. Hier saßen nun, mal kurz, mal lang, die Verurteilten ihre Haftstrafe ab, bewacht durch Bedienstete, die in dafür errichteten einzelnen Gebäuden an der Strafanstalt wohnten. Im „Dritten Reich" wurden hier zudem politisch Verfolgte, jüdische Mitbürger und ab 1940 nach dem Überfall auf Norwegen vermehrt auch norwegische Kriegsgefangene interniert.

Ab 1907 war Pastor Friedrich Schröder (1872–1943) für das Seelenheil der Häftlinge verantwortlich, und dieses Amt übte er mit Leidenschaft aus: so ließ er die im Historischen Museum Rendsburg ausgestellten und überaus detailgetreuen fünf Stadtmodelle im Maßstab 1:600 vom Häftling Gustav Andreas Hiller in seinen Häftlingsjahren von 1919 bis 1922 bauen. Als Bauvorlagen dienten ihm historische Stadtpläne, Zeichnungen und Fotos, die ihm Schröder auch in seiner Eigenschaft als Vorsitzender des Rendsburger Museumsvereins zusammentrug. Zudem besaß der gelernte Konditor Hiller das Privileg, bei Detailfragen zu einzelnen Bauten die Strafanstalt unter polizeilicher Bewachung zu verlassen. Auch das hier abgebildete Modell der Strafanstalt wurde von einem bis heute unbekannten Häftling gebaut.

In den 1950er-Jahren wurden die Insassen nach und nach in die Strafanstalt nach Neumünster verbracht, da die Schließung beschlossene Sache war. Anfang 1956 waren von den 681 Zellen nur noch 168 belegt und der Abriss der Strafanstalt erfolgte in den folgenden Jahren. Viele Neubauten in Rendsburg wurden mit den abgetragenen Steinen der Anstalt errichtet. Heute befindet sich auf dem Gelände die Parksiedlung, in der nur noch die Pastor-Schröder-Straße an die Geschichte der Strafanstalt erinnert.

Mit einer Legende soll hier jedoch aufgeräumt werden: Der Schriftsteller Hans Fallada (1893–1947), der große realistische Schilderer des kleinen Mannes, der ohne Vorbild und bis heute ohne Nachfolger seinen Zeitgenossen drastisch klarmachte, wie auf der Schattenseite des Lebens gefühlt, gedacht und gesprochen wird, hat seinen 1934 erschienenen Gefängnisroman „Wer einmal aus dem Blechnapf frisst" nicht unter dem Eindruck seiner Haftjahre in Rendsburg geschrieben. Fallada war 1926 wegen Betrugs zu 2 ½ Jahren Haft verurteilt worden und verbüßte diese in der Strafanstalt Neumünster.

Auf dem Spielplatz vor der Rendsburger Strafanstalt, 1890.

Am Haupteingang zur Strafanstalt, 1904.

Das Modell der Rendsburger Strafanstalt im Historischen Museum Rendsburg.

Die lange Baugeschichte der „Eisernen Lady“

Der Beginn der kommerziellen Dampfschifffahrt zu Beginn des 19. Jahrhunderts bedeutete das Ende des Eiderkanals, der von 1784 bis 1890 die Kieler Förde bei Kiel-Holtenau mit dem natürlichen Flusslauf der Untereider bei Rendsburg verband. Der Kanal bildete für die Schifffahrt zusammen mit der Eider eine durchgehende Wasserstraße zwischen der Nordsee bei Tönning und der Ostsee bei Kiel. Die rasante Entwicklung im Schiffbau sorgte jedoch dafür, dass die Handelsschiffe immer größer wurden und stärkeren Tiefgang besaßen. Der Eiderkanal konnte von den großen Dampfschiffen nicht mehr passiert werden.

So wurden Forderungen für den Neubau eines Verbindungskanals zwischen den Meeren laut. Mit der Gründung der deutschen Hochseeflotte 1848 in der Ostsee kam neben dem wirtschaftlichen Interesse zudem auch eine militärische Komponente zum Kanalbau hinzu. 1878 legte Reichskanzler Bismarck zusammen mit dem Hamburger Reeder Heinrich Dahlström einen Neubauplan vor, dem Kaiser Wilhelm I. zustimmte. Die Grundsteinlegung erfolgte am 3. Juni 1887 und finanziert wurde der Bau des Kanals zum Teil aus einer neu eingeführten Schaumweinsteuer, welche noch bis heute erhoben wird.

Während der Arbeiten am Nord-Ostsee-Kanal kamen zeitweise bis zu 9.000 Arbeiter aus allen Teilen Europas. Bei ihrer Arbeit kam schweres Gerät zum Einsatz: über 60 Nass- und Trockenbagger, Schlepper, Dampframmen, Kräne und um die 90 Lokomotiven wurden benötigt, um den Nord-Ostsee-Kanal fertigzustellen. Am 20. Juni 1895 wurde, nach heute unvorstellbar kurzen acht Jahren Bauzeit, der neue Kanal fertiggestellt. Unter Anführung der kaiserlichen Yacht „Hohenzollern“ fuhr ein Schiffskorso die Eröffnungsfahrt von Brunsbüttel nach Kiel-Holtenau, dort erfolgte die Schlusssteinlegung durch Kaiser Wilhelm II. Dieser benannte die bis dato im Volksmund als „Nord-Ostsee-Kanal“ bezeichnete Schiffspassage zu Ehren seines Großvaters offiziell in „Kaiser-Wilhelm-Kanal“ um.

Doch bereits kurz nach seiner Eröffnung war der neue Kanal für die neuen Schiffe der kaiserlichen Marine zu klein geworden. Der Kanal musste vertieft und verbreitert werden, was den Bau neuer Brücken erforderte. Zudem benötigte man zwei neue Schleusen in Brunsbüttel und Holtenau. 1911, also nur 16 Jahre nach Eröffnung, wurde mit der Erweiterung des Kanals begonnen. Die Arbeiten am Kanal erfolgten bei laufendem Schiffsbetrieb und konnten am 24. Juni 1914 beendet werden.

Für die Planung neuer Brücken wurde ein Beamter beauftragt: Friedrich Voss, Jahrgang 1872, seit 1908 Leiter des Kaiserlichen Kanalamts in Kiel. Vor allem die Eisenbahnhochbrücke samt Schwebefähre in Rendsburg war eine echte Pionierleistung im Brückenbau, da hier erstmals eine kühne, genietete Eisenträgerkonstruktion realisiert werden konnte. Rendsburg wurde in der Bauphase dieser einzigartigen Brücke ein lohnendes Reiseziel für viele, auch internationale Brückenbauingenieure. Friedrich Voss baute ebenfalls die Hochbrücken in Holtenau und Hochdonn im Zuge der Kanalerweiterung, zudem die 1961 stillgelegte und durch

An der Anlegestelle Nord in den 1920er-Jahren.

den Kanaltunnel ersetzte Rendsburger Drehbrücke. Im Jahr 1923 schied Voss aus gesundheitlichen Gründen aus dem Staatsdienst aus und gründete ein Ingenieurbüro in Kiel. Sein Tod am 3. März 1953 war immer wieder Anlass für volkstümliche Spekulationen: Voss wäre über den Bau der „Eisernen Lady“ wahnsinnig geworden und habe sich von dieser in den Tod gestürzt. Doch tatsächlich starb Voss in seinem Wohnhaus in Kiel-Düsternbrook eines natürlichen Todes. Die Eisenbahnhochbrücke mit Schwebefähre bleibt bis heute sein weithin sichtbares Vermächtnis und das Wahrzeichen unserer Stadt.

Das Herz von Neuwerk und der Garnison: der Paradeplatz

Nach den verheerenden Verwüstungen durch den Dreißigjährigen Krieg (1618–1648) wurden beinahe flächendeckend in ganz Europa neue Befestigungsanlagen vor allem für die Garnisonsstädte geplant. So auch in Rendsburg, wo man mit dem Kronwerk im Stadtnorden und dem Neuwerk im südlichen Anschluss an die Altstadt die Stadt durch zwei separate Festungsanlagen zeitgemäß gegen Bedrohungen von außen absichern wollte. Nach französischem Vorbild waren hierbei die anzulegenden Ravelins, Bastionen, Wälle und Gräben so anzulegen, dass der Einsatz der in Stellung gebrachten Kanonen eine größtmögliche Wirksamkeit erreichen sollte.

Ab 1690 begannen die Arbeiten unter dem dänischen General Jobst von Scholten. 1695 waren die Arbeiten nach nur fünf Jahren Bauzeit beendet. Die Ausführung lag in den Händen des Festungsbaumeisters Domenico Pelli, ein gebürtiger Schweizer aus Ascona. Er errichtete auch die militärischen Gebäude, die Garnison- oder Christkirche und eine Reihe von Bürgerhäusern rund um den Paradeplatz, wovon der heutige „Pelli-Hof" sein Wohnhaus war. Während jedoch das Kronwerk nur militärisches Gelände umfasste, entstand innerhalb der sternförmig angelegten Festungsanlage im Neuwerk ein völlig neuer Stadtteil barocker Prägung mit einem zentralen Aufmarschgelände für bis zu 2.000 Mann: dem Paradeplatz. Von diesem Punkt aus konnten die Soldaten im Alarmfall schnell die Wälle und die dort angelegten Stellungen erreichen, indem sie den sternförmig angelegten, schnurgeraden Straßen folgten. Die Benennung dieser Straßen erfolgte nach der Sitzordnung an der Festtafel des dänischen Königs Christian V., dem Bauherrn des Festungsausbaus. Die Benennungen sind bis heute unverändert geblieben.

Im Verlauf der Jahrhunderte änderte sich die öffentliche Wahrnehmung des zwei Hektar großen Paradeplatzes: er war Schauplatz wichtiger Ereignisse der schleswig-holsteinischen Landesgeschichte und zeugt von Rendsburgs großer Bedeutung als ehemalige Festungs- und Garnisonsstadt. So marschierten hier im Nordischen Krieg 1713 russische und sächsische Truppen auf und während der Napoleonischen Kriege die französischen und spanischen Soldaten unter Marschall Bernadotte. Im Jahr 1848 kapitulierte hier die dänische Besatzung der Festung gegenüber der provisorischen Regierung Schleswig-Holsteins, 1851 schließlich wurde der Paradeplatz Zeuge des Aufmarschs preußischer und österreichischer Truppen, und im Januar 1864 war er Sammelpunkt für die Bundestruppen am Vorabend des zweiten Deutsch-Dänischen Krieges.

Die militärische Tradition sollte sich in der preußischen Zeit und nachfolgend in der Zeit des Nationalsozialismus fortsetzen: immer wieder diente der Paradeplatz als zentraler Aufmarschpunkt. Zuletzt sollte hier im September 2009 unter großer Anteilnahme der Bevölkerung der endgültige Abzug der Bundeswehr aus Rendsburg durch die Abhaltung des „Großen Zapfenstreichs" zeremoniell besiegelt werden.

Aufmarsch der SA auf dem Paradeplatz im Jahr 1935.

Doch der Paradeplatz wurde und wird bis heute immer wieder für zivile, städtische Veranstaltungen genutzt: auf ihm fanden Jahrmärkte, die NORLA, Stadtfeste und Wochenmärkte statt, und er stand immer wieder in kontroverser Diskussion, ob die Freifläche nicht auch als dauerhafter Parkraum für Kraftfahrzeuge genutzt werden könne. Aus städtebaulich-denkmalpflegerischer Sicht wäre dies völlig unzeitgemäß und würde den ursprünglichen Charakter dieses Neuwerker Herzstücks missachten. Der Paradeplatz entfaltet seine ganze imposante Gestaltung, wenn er als Freifläche und „Platz“ auch wahrgenommen werden kann und einen unverstellten Blick auf die architektonisch nicht weniger beeindruckende Randbebauung mit der Hauptwache, der Garnison-Apotheke, der Christkirche und der Kommandantur (heute: Haus der Wirtschaft) öffnet.

Die Hauptwache am Paradeplatz, 1895.

Ein Ausflugslokal im Nobiskrüger Gehölz für über 2.000 Gäste

Um die Jahrhundertwende 1900 war Rendsburg eine lebendige Garnisonsstadt mit voller soldatischer Belegung: bei knapp 18.000 zivilen Einwohnern dominierten die blauen Röcke des preußischen Infanterieregiments 85 „Herzog von Holstein", des Feld-Artillerieregiments 45 und der Train-Abteilung 9 mit annähernd 2.500 Mann das Stadtbild. Unzählige Kneipen, Gasthäuser und Ausflugslokale boten entsprechende Zerstreuung vom Militärdienst, zudem kamen die auswärtigen Gäste, die sich den gerade eröffneten Nord-Ostsee-Kanal im Rendsburger Streckenabschnitt näher betrachten wollten. Als Ausflugsziel bot sich das Nobiskrüger Gehölz im Stadtosten an. Dieses war fußläufig vom Rendsburger Bahnhof über einen Wanderweg Richtung Saatsee oder am Ende der Alten Kieler Landstraße erreichbar. Die Schleifenführung im Zuge des Eisenbahn-Hochbrückenbaus war noch nicht projektiert, und am äußersten Rand dieses Naherholungsgebiets befand sich das Ausflugslokal „Nobiskrüger Gehölz", welches 1898 in einer Anzeige um Gäste warb:

„Nobiskrüger Gehölz bei Rendsburg. Ausschank einheimischer und fremder Biere. Kalte und warme Speisen zu jeder Tageszeit. Konzerte der Kapelle des Infanterie-Regiments Herzog von Holstein. Das Gehölz ist 20 Minuten von der Stadt entfernt, mitten in einem 12 Hektar großen, mit schönen, mächtigen Bäumen bestandenen Gehölz belegen und bietet für ca. 2.000 Personen bequeme Sitzplätze. Als Sommerfrische angenehmer Aufenthalt bei soliden Preisen. Für Reisegesellschaften, Vereine und Schüler dankbares Reiseziel, da die Stadt Rendsburg

Das Gartenlokal im Nobiskrüger Gehölz im Jahr 1900.

Zeitungsanzeige aus dem Jahr 1927.

mancherlei Sehenswürdigkeiten bietet als ehemalige Festung, durch die große Garnison und die unmittelbare Nähe des Kaiser-Wilhelm-Kanals".

Lesen wir richtig? Ein Ausflugslokal mit Platz für 2.000 Gäste? Davon 800 unter freiem Himmel auf Bierbänken unter dem Schatten des bewaldeten Außengeländes? Das hört sich ja nach einem Biergarten bester bajuwarischer Prägung an, und so wurde das Lokal auch angenommen. Hier trafen sich die Soldaten mit ihren „Fräuleins", hier hockten die Pennäler und sicher auch Lehrer der Rendsburger Schulen, hierhin machten Familien einen Ausflug ins Grüne. Denn die aufgebauten Klettergerüste und anderen Spielgeräte sorgten für einen unbeschwerten Aufenthalt auch für die Kinder. Ab 1911 kamen nach Feierabend die Bauarbeiter an der nun zu errichtenden Eisenbahnhochbrücke und der dafür projektierten Schleifenführung hinzu, die nur einen knappen Steinwurf vom Gelände im Rücken der Gastwirtschaft gebaut werden sollte. So saß man nun als Gast in der allerersten Reihe, sofern man denn wollte. Die lebendig-quirlige Garnison mit ihren Soldaten, die Ausflügler zum Nord-Ostsee-Kanal sowie die Bauarbeiter und Schaulustigen beim Hochbrückenbau waren wirtschaftlicher Garant für den Wirt und den erfolgreichen Betrieb, der ab 1914 ganz schweren Zeiten entgegensehen musste: Nach Ausbruch des Ersten Weltkrieges 1914 und in den folgenden Jahren fehlten die Soldaten. Nach dem Ende des Krieges und als Folge des Versailler Vertrags wurde die Truppenstärke in ganz Deutschland stark reduziert. Um 1920 wurde der Standort Rendsburg auf nur noch 300 Soldaten verkleinert. Die Gastwirtschaft „Nobiskrüger Gehölz" wechselte in dieser Zeit häufig den Besitzer. Zuletzt betrieb Martin Meins das Lokal, dessen Ende aber nur noch eine Frage der Zeit war. Anfang der 1930er-Jahre gingen hier endgültig die Lichter aus. Heute befindet sich am Ende der Steglitzer Straße das mehrfach um- und ausgebaute Gebäude, welches heute vom Theodor-Schäfer-Berufsbildungswerk genutzt wird.

Als der Schiffbrückenplatz der Hafen von Rendsburg war

Heute ist es kaum noch vorstellbar, dass der Schiffbrückenplatz im Zentrum der Rendsburger Altstadt ehemals eine Schiffsanlegestelle innerhalb der Rendsburger Festungswälle war. Sein Name erinnert an die mittelalterliche Gründung der Rendsburger Altstadt um 1100 auf drei Eider-Inseln. Durch die Zuschüttung der Schleuskuhlen und vor allem im Zuge der Schleifung der Rendsburger Festungsanlagen im 19. Jahrhundert, bei der das Abbruchmaterial der Wälle in die ehemaligen Festungsgräben geschüttet wurde, verlandete Rendsburg zunehmend. Zudem sank der Wasserspiegel der Obereider durch den Bau des Nord-Ostsee-Kanals beinahe schlagartig um mehr als zwei Meter. Auf die Wasserläufe und -flächen in der Altstadt wirkte sich das ganz erheblich aus, auch wenn die Untereider nicht unmittelbar davon betroffen war: Mühlengraben und Stegengraben führten kein Wasser mehr und wurden zugeschüttet. Der Schiffbrückenhafen war zwar von der Untereider zu erreichen, aber die beiden genannten Gräben hatten ihm Wasser zugeführt, was jetzt wegfiel. So versandete der Hafen zunehmend, und 1893 wurde er letztendlich verfüllt.

Aus dem ehemaligen Festungshafen, über den die Versorgung sowie der Handel der gesamten Festung mit der Außenwelt von Wasserseite aus gewährleistet war, wurde nun der Schiffbrückenplatz, eingerahmt von historischen Gebäuden aus dem 17. und 18. Jahrhundert. Die gewonnene Fläche wurde begrünt und zeitweise durch Springbrunnen verschönert. 2006 erhielt der Schiffbrückenplatz sein heutiges Gesicht durch die Errichtung und Einweihung der sogenannten „Schiffbrücken-Galerie", ein modernes Einkaufszentrum. Mittwochs und sonnabends findet jeweils vormittags auf dem Platz ein Wochenmarkt statt, weiterhin wird er für den Weihnachtsmarkt und für das Volksfest „Rendsburger Herbst" genutzt. Ein Spielplatz-Brunnen des Bildhauers Bonifacius Stirnberg, der eine stilisierte „Tjalk" – ein historischer holländischer Schiffstyp – zeigt, erinnert bis heute an den ehemaligen Rendsburger Hafen am Schiffbrückenplatz. An die einstige Insellage Rendsburgs erinnert heute nur noch der Stadtsee.

Der bebaute Schiffbrückenplatz um 1900. ►

An der Schiffbrücke. Zeichnung von Joh. Kühl, 1856.

Blick auf den Schiffbrückenplatz, 1958.

GREVE
färbt, wäscht, reinigt

Die NORLA – von einer Landmaschinenschau zur Verbrauchermesse

1929 gab es auf dem Hamburger Heiligengeistfeld eine erste „Große Landwirtschaftliche Ausstellung“, kurz: GROLA. Sie wurde ein großer Publikumserfolg, allerdings machte die Landwirtschaftskammer als Veranstalter so massive Schulden, dass auf die Organisation weiterer Messen verzichtet wurde. Nach dem Zweiten Weltkrieg begann ab 1949 Werner Fahrenkrog, auf dem vier Hektar großen Nordmarkplatz (heute: Willy-Brandt-Platz) Landwirtschaftsschauen nach dem Hamburger Vorbild zu veranstalten.

Und diesmal war das Konzept ein Volltreffer in den Wiederaufbaujahren. Vor allem die Produzenten landwirtschaftlicher Maschinen, Siloanlagen, Traktoren usw. nutzten diese einzigartige norddeutsche Fachmesse für den intensiven Vertrieb ihrer Produkte, und Landwirte aus der Region und weit darüber hinaus machten sich auf den Weg nach Rendsburg. Während der Messetage platzte die Stadt aus allen Nähten: Hotels und Pensionen waren regelmäßig ausgebucht und natürlich profitierten davon die Einzelhändler, vor allem die Gastronomen in den Restaurants, Kneipen und Bars, vornehmlich im sogenannten „Nachtjackenviertel“ in Neuwerk.

Ab 1955 wurde dann zum ersten Mal zur „Norddeutschen landwirtschaftlichen Fachausstellung“ eingeladen, zusammengefasst unter dem griffigen Kürzel NORLA. Der Bauernverband Schleswig-Holstein übernahm nun die ideelle Trägerschaft. 1961 zog die NORLA vom Gelände an der Nordmarkhalle auf ein eigens geschaffenes 16 Hektar großes Messegelände südlich des Nord-Ostsee-Kanals und erreichte mit 200.000 Gästen in diesem Jahr ihren ersten Besucherrekord. Im jährlichen Wechsel standen in den Folgejahren Landtechnik und Tierschauen im Mittelpunkt. Flankiert wurde die Messe vom Landesbauerntag.

1973 wurde die Septembermesse um die „Norddeutsche Kommunale Fachausstellung“ – die NORKOFA – ergänzt, fünf Jahre danach kam die Landesjagdausstellung hinzu. Ohnehin hatte sich die Messe in den 70er-Jahren mit zusätzlichen Elementen wie Blumenschauen, Reitturnieren oder auch themenbezogenen Präsentationen wie Landschaftspflege oder Wasserwirtschaft dem allgemeinen Publikum weiter geöffnet. Auch einen Rückschlag in den 80er-Jahren, als sich die Maschinenhersteller weitgehend aus dem Messegeschäft zurückzogen, konnten die Messebetreiber kompensieren. Zusammen mit der Landwirtschaftskammer und dem Bauernverband wurde ein Konzept entwickelt, in dem verbrauchernahe Sonderschauen im Mittelpunkt standen.

1990 verlegte man die NORLA vom Herbst in das Frühjahr. 1996 ging man vorübergehend auf einen Zweijahresrhythmus über. Seit 1999 wird die Messe nun wieder jährlich im Herbst ausgerichtet. Immer mehr hat sie sich dabei zu einer sehr lebendigen Verbrauchermesse für den ländlichen Raum mit einem Schaufenster für die Landwirtschaft entwickelt.

Die Landwirtschaftsmesse NORLA an der Nordmarkhalle, 1950.

Auf dem Paradeplatz: Wochenmarkt zur NORLA, 1950.

Das Schleswig-Holsteinische Landestheater in Rendsburg

Bis heute ist das Stadttheater am Jungfernstieg mit seiner prachtvollen weißen Fassade, der markanten Dachwölbung und der aufwendig gestalteten Fensterverglasung eine bauliche Visitenkarte unserer Stadt. Viele auswärtige Gäste hätten ein derartiges Gebäude eher in einem großstädtischen Zusammenhang vermutet als in Rendsburg. Gerade zu Beginn der neuen Spielzeit unseres Theaters lohnt sich ein Blick in die Entstehungsgeschichte dieses Baus: der Plan, in Rendsburg ein Gebäude für große Theateraufführungen und Veranstaltungen jeglicher Art zu errichten, wurde 1893 gefasst. Damals beschäftigten sich die Stadtkollegien mit der Idee, heute wären das der Kulturausschuss, der Finanzausschuss und letztendlich die Ratsversammlung. Als prosperierende Garnisonsstadt mit dem fast fertiggestellten Nord-Ostsee-Kanal wollte man mit dem Bau einer Stadthalle ein weithin sichtbares Zeichen der kulturellen Weltoffenheit setzen, das auch in Süddeutschland nicht zu übersehen war. Es war klar: das Vorhaben benötigte eine sichere Finanzierung der nicht unerheblichen Baukosten. Man fragte also bei der Direktion der Spar- und Leih-Kasse Rendsburg an, die ursprünglich nur einen Brunnen spendieren wollte, nun aber tatsächlich Gefallen an der Idee eines Theaters für die Stadt fand. So gelang der Einstieg in das Bauvorhaben, und am 5. April 1893 konnte man im „Rendsburger Wochenblatt" lesen:

„... somit wäre durch das außerordentliche Entgegenkommen dieses für Rendsburg so wichtigen Instituts (gemeint ist hier die Sparkasse) die größte Wahrscheinlichkeit geschaffen, dass auch unsere Stadt in den Besitz eines Stadttheaters gelangt, was heutzutage nun einmal für ein größeres Gemeinwesen als unerlässlich betrachtet wird ...".

Für den Bau des Theaters kamen seinerzeit gleich drei Standorte in Frage. Variante eins: der freie Platz zwischen dem wuchtigen Backsteingebäude des damaligen Kaiserlichen Postamts und dem Gebäude der Sparkasse. Ein Platz, an dem vormals der trockengefallene Eiderhafen lag. Variante zwei: der Schiffbrückenplatz; und schließlich als Variante drei der sogenannte Turnhallenplatz hinter der alten Herderschule auf dem Gymnasiumsberg, wo heute das Neue Rathaus zu finden ist. Doch die Diskussion über die drei Bauplätze währte nur kurz: Zu bestechend war die zentral an der Nahtstelle zwischen Altstadt und Neuwerk gelegene Lösung am heutigen Standort. Und das trotz gestiegener Baukosten auf problematischem Grund, der erst verdichtet und stabilisiert werden musste. Darauf nun begann man mit dem Bau nach den Entwürfen des Altonaer Architekten Albert Winckler im Stile der historisierenden Renaissance, vermischt mit Bauelementen der Gründerzeit. Abgerechnet wurde nach feierlicher Einweihung des Gebäudes am 14. November 1901 eine Gesamtsumme von 250.000 Mark, die komplett von der Sparkasse übernommen wurde. Es sollten jedoch noch 45 Jahre vergehen, bis das Stadttheater mit einem eigenen Ensemble und eigenem Spielplan den Betrieb aufnahm. Vorher war das Gebäude offen für Gastspiele und Veranstaltungen aller Art, von Varieté über Volksbühnen, repräsentative Nutzungen der soldatischen Garnison bis hin zu Sportwettkämpfen wie

Richtfest der Stadthalle, des heutigen Stadttheaters, am 2. Juni 1901.

Saalradfahren oder ähnlichem. Doch der Theater-Start verlief in den Nachkriegsjahren ab 1946 unter sehr erschwerten Bedingungen, die sich erst ab 1949 allmählich besserten: ausschlaggebend war das vom damaligen Intendanten Wulf Leistner entwickelte Modell einer „Landesbühne Schleswig-Holstein“ mit finanzieller Unterstützung durch ausgesuchte Städte und Kreise im Land und Aufführungen in den jeweiligen Orten. Dieses Modell trägt seit 1974 nach wie vor bis heute: Mit über 700 Aufführungen und Konzerten und fast 400 Beschäftigten ist das Schleswig-Holsteinische Landestheater und Sinfonieorchester sehr lebendig und fester Bestandteil des kulturellen Lebens der Stadt. Und immer noch Rendsburgs schönste Visitenkarte!

Das eingeweihte Gebäude mit dem bereits errichteten Brunnen. Aufnahme um 1905.

Der Eisenwarenladen Paul Matz – hier gab es alles!

Im Frühjahr 1889 gründete der Kaufmann Friedrich Piening einen Eisen- und Kolonialwarenladen an der markanten Ecke Königstraße/Paradeplatz. Sein Sortiment reichte von in der Tonne gelagerten frischen Matjes-Heringen über Düngemittel bis hin zum Maschendraht. Aber vor allem bot er Spitzhacken, Spaten und Schaufeln sowie Arbeitskleidung für die Kanalarbeiter an, die am Jahrhundertbauwerk des Nord-Ostsee-Kanals schufteten.

1932 wurde Friedrich Dittmer Inhaber des Geschäfts, um es nur vier Jahre später an seinen Angestellten Paul Matz (1892–1961) weiterzugeben. 1960 übernahm dessen Sohn Wolfgang (1928–2009) den Laden, der ihn bis zur Geschäftsaufgabe im September 1993 leitete. Doch das Interieur mit der dominierenden Verkaufswand und dem wuchtigen Tresen konnte durch die unmittelbar nach Schließung erfolgte Übernahme durch das Historische Museum Rendsburg erhalten bleiben und bildet bis heute eine Attraktion für die Museumsgäste. Denn die über 100 Jahre lang nahezu unverändert gebliebene Ladeneinrichtung und das unverwechselbare Ambiente einer längst vergangenen Welt ist für viele Einheimische eine Zeitreise in ihre eigene Kindheit.

Und als ich als Rendsburger Neubürger im Sommer 1990 in die für mich noch völlig fremde Stadt kam, stand ich schon bald ziemlich ratlos vor den zwei Schaufensterfronten von „Paul Matz“: Zwischen Angelzubehör und Schlittschuhmodellen wurden auch alle Arten von Beschlägen, Nägel, Schrauben und Spezialdübel präsentiert. Aber auch Hudora-Rollschuhe, Glühbirnen und Fleischmann-Eisenbahnen, Schweizer Taschenmesser, Batterien, Flaschenverschlüsse und Vorhängeschlösser. War das alles hier zu haben? Doch erst ein Besuch ließ mich so richtig staunen. Ich stand ziemlich sprachlos vor den 262 Schubladen, an deren Fronten die darin befindlichen Beschläge, Schrauben, Haken usw. angebracht waren. Hier war ich richtig, denn ich benötigte für den Umzug meiner Familie nach Rendsburg allerlei Eisenwaren.

So zeigte ich Wolfgang Matz mit einer Handbewegung, wie lang die benötigten 8 Schrauben sein sollten. „Brauchen Sie eine Holz-, eine Schlüssel-, eine Schloss-, eine Maschinen-, oder eine Gewindeschraube?“ So versuchte er, der Sache näherzukommen. Es folgte ein Griff in das passende Fach und das Gewünschte lag auf der abgestoßenen grünen Nagelwaage. Der Stückpreis wurde durch einen routinierten Blick in das eisenbeschlagene, lederne Preisbuch ermittelt und die Schrauben in ein Tütchen gepackt. Zusammengerechnet und kassiert wurde mit Hilfe einer wuchtigen Anker-Registrierkasse mit seitlicher Kurbel und Herr Matz im grauen Kittel wünschte noch gutes Gelingen für meine Heimwerkertätigkeit. Mir war klar: ab sofort war mein Baumarkt der Laden von Matz in der Königstraße, bei dem ich auch diffizilere Fragen nach speziellen Beschlägen loswerden konnte: nach kurzer laienhafter Beschreibung wurde ich meist schon mitten im Satz unterbrochen und Wolfgang Matz legte Gesuchtes auf den Holztresen.

Der Eisenwarenladen von Ferdinand Piening an der Ecke Paradeplatz / Königstraße. Aufnahme um 1895.

An den Markttagen jeweils mittwochs und sonnabends auf dem Paradeplatz trafen sich zudem die Händler nach Abbau ihrer Verkaufsstände auf ein Feierabendbier bei Matz. Hier wurde das neueste Marktgeschehen besprochen sowie Klatsch und Tratsch ausgetauscht, bevor man bis zum nächsten Markttag auseinanderlief. Denn der Laden von Paul Matz war zweifelsohne auch der kommunikative Mittelpunkt von Neuwerk.

Wolfgang Matz beendete im Sommer 1993 im Alter von 65 Jahren seine Aktivitäten und stimmte der Übernahme dieses ganz besonderen Interieurs in das Historische Museum zu – und seit über dreißig Jahren hängt der graue Kittel von Wolfgang Matz nun dort am Haken.

Der Eisenwarenladen von Paul Matz. Luftbild aus den 1940er-Jahren.

Der letzte Inhaber Wolfgang Matz hinter dem Verkaufstresen, 1993.

Die Weiße Brücke

Rendsburg hat viele besondere Orte, an denen spannende Geschichten zu entdecken sind. Während die Eisenbahnhochbrücke mit der Schwebefähre bis über die Landesgrenzen hinaus berühmt ist, ist die Weiße Brücke wohl kaum über die Stadtgrenzen Rendsburgs hinaus bekannt. Es handelt sich um die Fußgängerbrücke, die die Stadtteile Altstadt und Neuwerk miteinander verbindet und als Alternativroute zum Jungfernstieg gilt. Diese ursprüngliche Behelfsbrücke wurde 1877 erbaut. Der Stadthistoriker und Gefängnisgeistliche Pastor Friedrich Schröder (1872–1943) erläuterte in seinem 1939 erschienenen Werk „Rendsburg als Festung" die Gründe für den Brückenbau. Sie wurde benötigt, um die Erdmassen der ehemaligen Festungsanlagen abzutransportieren:

„Ein anderer großer Wurf, den man in jenen Jahren bewegte, war der Bau des Gymnasiums (gemeint ist hier die alte Herderschule auf dem Gymnasiumsberg; heute: Neues Rathaus). Man war sich klar, daß dieses auf der früheren Bastion Holstein errichtet werden müsse. Man beschloß, die Bastion Holstein nicht ganz einzuebnen, sondern nur ein Viertel bis ein Drittel ihrer Gesamthöhe abzutragen. Es ergab sich nur die Schwierigkeit, wo man die überflüssige Erde ablagern sollte. Verhandlungen mit dem Garnisonkommando, die Erde hinter dem Laboratorium (in die Süd-Ost-Ecke des sog. ‚Stadtsees') schütten zu dürfen, scheiterten an einem unerwarteten Widerspruch seitens des Kanalinstituts. Man erhöhte dann die Sohle der ehemaligen Bastion Stormarn 1872. Dann wurde durch Maurermeister Zander der westliche Teil des Schiffbrückenbeckens aufgefüllt (vor 1875). Aber immer war noch reichlich Erde unterzubringen, 12 bis 13.000 Kubikmeter. Da einigte man sich mit dem Garnisonkommando dahin, daß ein Teil der Erde in die ‚Bucht bei der Knaackschen Bude' (welche am Jungfernstieg stand, wo der Kindergarten beginnt), der Rest in den ‚nassen Festungsgraben hinter dem Arsenal' geschüttet würde. Zur Beförderung dieser Erdmassen bauten die Pioniere die ‚Weiße Brücke' und einen Schienenweg für Sturzwagen (Febr. 1877). Am 10. Juli 1877 übernahm die Stadt diese Brücke von dem Entrepreneur W. Gosch mit der Verpflichtung des Verkäufers, für 3000 Mark einen neuen Oberbau zu setzen. So wurde die Bastion Holstein geebnet. Bereitete auch der Abtransport unendlichen Staub, so daß ‚die Anwohner keine Fenster öffnen' konnten, auch ‚viele Waren in Schaufenstern total ruiniert' wurden, so entstand doch das stolze Gymnasium, das am 29. Oktober 1875 gerichtet und am 11. April 1877 eingeweiht wurde."

Diese Brücke war für den Abtransport der abzutragenden Erdmassen durch Karren und Wagen ausgelegt und lag inmitten einer riesigen Baustelle. Nach Beendigung der Erdarbeiten wurde die Brücke zur Fußgängerbrücke umgebaut. Sowohl Fußgänger als auch Radfahrer nutzen die Brücke auf dem Weg von der Altstadt zum Paradeplatz und retour. Einst schlenderten die Schüler der Herderschule dort hinüber, als die Schule noch auf dem Gymnasiumsberg an Stelle des heutigen Neuen Rathauses stand. Die Weiße Brücke wurde im Verlauf Ihrer Geschichte mehrfach umgebaut, wobei sie die größte bauliche Veränderung im Jahre 1972 erfuhr, als der flache, gerade Holzbau in eine gebogene Form umgewandelt wurde. Anfang 2012 wurde in der Ratsversammlung lebhaft darüber diskutiert, ob und wenn ja, wie die damals

Kleine Pause an der Weißen Brücke …

gesperrte, marode Brücke erhalten bzw. saniert werden kann und ob ein Neubau aus Holz oder aus Stahl beschlossen werden soll. Auch über einen zusätzlichen Fuß- und Radweg wurde nachgedacht. Letztendlich wurde die Weiße Brücke als Holzkonstruktion nach historischem Vorbild erneuert: sie ist ein Stück Identität der Stadt Rendsburg. Und darüber sind sich viele Rendsburger Bürger einig.

Mit dem Kinderwagen über die Weiße Brücke ins Neuwerk, um 1960.

Blick auf die Weiße Brücke mit Herderschule und Stadttheater, 1960er-Jahre.

Das Alte Rathaus mit bewegter Baugeschichte

Das Herzstück der Rendsburger Altstadt ist ohne Zweifel neben der mächtigen St.-Marien-Kirche das Alte Rathaus. Und seine Baugeschichte ist in seinen Anfängen ungeklärt, nimmt jedoch ab Mitte des 16. Jahrhunderts Konturen an, die hauptsächlich an der Schauseite zum Altstädter Markt durch historische Darstellungen und Fotos ablesbar sind.

Am Giebelanbau mit dem Rathauseingang an der Mühlenstraße finden wir einen Wappenstein mit der Jahreszahl 1566. Archivunterlagen belegen jedoch eindeutig, dass es sich dabei um das Baujahr dieses vorgesetzten Anbaus mit dem Treppenhaus in das erste Obergeschoss gehandelt hat. Folglich stand das Alte Rathaus bereits vorher an dieser Stelle und wurde eher räumlich ergänzt. Im Rückblick auf die Baugeschichte ist die sich verändernde Ansicht des Treppengiebels zum Altstädter Markt hin interessant, denn in der ersten nachweisbaren Stadtansicht von Braun/Hogenberg in ihrer „Chronica Slavorum" von 1584 überragt das Rathaus noch ohne Doppeldach, aber mit Treppengiebel alle übrigen Gebäude Rendsburgs und ist rechts von St. Marien abgebildet.

Wann genau jedoch das Alte Rathaus seinen Doppelgiebel erhalten hat, ist nicht belegt. Unstrittig ist aber, dass es sich dabei nicht um eine oftmals vermutete Zusammenlegung zweier benachbarter Häuser am Altstädter Markt gehandelt hat – dies kann durch die Baukonstruktion widerlegt werden, denn die Zwischenwände sind nicht tragend und haben lediglich eine raumteilende Funktion. Das Rathaus befand sich Ende des 19. Jahrhunderts in einem bedenklichen Zustand. Vor allem die Giebelwand hatte im August 1850 durch die Explosion des sogenannten „Laboratoriums", einer Munitionsfabrik auf einer Eiderinsel unweit der Altstadt, schwere Schäden davongetragen, wie auf einem Foto um 1860 unschwer zu erkennen ist. Und nicht nur das: bereits 1840 waren bei einer Begehung bedenkliche Baufälligkeiten festgestellt worden: Der Keller musste bereits abgestützt werden und die Holzverbindungen des Fachwerks waren marode. So bemühte man sich bereits zu diesem Zeitpunkt um eine grundlegende Sanierung, die auch damals nur mit großer Mühe zu finanzieren war und bürgerschaftliche Spendenwilligkeit erforderte. Doch durch die in Rendsburg im März 1848 begonnene Schleswig-Holsteinische Erhebung mit all ihren Wirrnissen wurde dieser Plan erst einmal auf Eis gelegt.

Ein erneuter Vorstoß sollte 1862 erfolgen – doch diesmal nicht mit der Forderung nach Renovierung, sondern nach einem kompletten Standortwechsel mit Aufgabe des eigentlichen Gebäudes. Das Neue Rathaus sollte nunmehr am Paradeplatz entstehen, und zwar dort, wo wenige Jahre zuvor das ursprüngliche Provianthaus niedergebrannt war. Erneut durchkreuzten geschichtliche Verläufe diese Pläne: am 1. Februar 1864 begann der Deutsch-Dänische Krieg. An einen Neubau war unter diesen Umständen nicht mehr zu denken. So wurden letztendlich 1901 der Neubau des Treppengiebels an der Südfassade und umfängliche Renovierungsarbeiten am angeschlagenen Gebäude beschlossen. Der Altonaer Architekt Albert Winckler, zu dieser

Das Alte Rathaus am Altstädter Markt mit dem 1901 vollendeten Treppengiebel, aufgenommen um 1905.

Zeit schwer beschäftigt mit den Neubauten des Stadttheaters und des alten Sparkassengebäudes am Jungfernstieg, erhielt dafür den Zuschlag. Und am 13. Dezember 1901 vermerkt die städtische Bauverwaltung die Fertigstellung der uns heute so vertrauten Fassade.

Das Alte Rathaus im Jahr 1860.

Der Altstädter Markt mit dem Alten Rathaus um 1900.

Der Eingang zum Alten Rathaus an der Mühlenstraße.

Ausgabestelle

Die Stadtmodelle im Historischen Museum Rendsburg

Generationen von Rendsburger Schulkindern können sich noch heute an ihren ersten Besuch im Historischen Museum mit den legendären Stadtmodellen erinnern: vormals waren sie im ehemaligen Heimatmuseum im Alten Rathaus untergebracht, und natürlich sind die insgesamt fünf detailgetreuen, handgefertigten Modelle nach wie vor eine Attraktion in der Dauerausstellung – mehr noch: sie stehen im Mittelpunkt der Abteilung zur Stadtgeschichte und sind das über die Stadtgrenzen hinaus bekannte Alleinstellungsmerkmal des Museums.

Doch wie kam es zum Bau, und welcher Modellbauer hatte so viel Zeit, sich in alle Details der Stadt Rendsburg zu unterschiedlichen Zeiten (1660–1830–1848) hineinzuversetzen? Allein diese Geschichte ist spannend genug: Im Juni 1907 tritt Pastor Friedrich Schröder, 1872 in Düben/Sachsen geboren, seinen Dienst als Gefängnispastor in der Rendsburger Strafanstalt an. Kindheit und Jugend hatte er in Rendsburg verbracht, denn sein Vater wurde als Stabsarzt 1875 nach Rendsburg versetzt. Sein Theologiestudium absolvierte er in Greifswald, Erlangen, Berlin und Kiel. Schröder war heimatgeschichtlich sehr interessiert und zählte zu den Gründungsvätern des Rendsburger Heimatmuseums und war zeitweise der erste Vorsitzende des Museumsvereins.

In diesem Umfeld lernte er den Rendsburger Fotografen Friedrich Mertens kennen, der aus privatem Interesse damit begonnen hatte, hölzerne Modelle der Rendsburger Festungsanlagen auf der Basis eigener Fotos und Stadtpläne zu bauen. Doch als vielbeschäftigter Fotograf in der so lebendigen Garnisonsstadt fehlte ihm die Zeit, dieses Vorhaben abzuschließen. Und so kamen Pastor Schröder und Fotograf Mertens auf die Idee, diesen ambitionierten Modellbau mit Hilfe eines dazu geeigneten Sträflings durchzuführen: Das Material sollte über den Museumsverein beschafft und gestellt und die Arbeiten unter Aufsicht und Anleitung von Schröder durchgeführt werden. Zudem sollte der Sträfling bei aufkommenden Detailfragen unter strenger Bewachung die Strafanstalt für einen Stadtrundgang verlassen dürfen. So ihr Plan.

Die erste Wahl fiel auf einen inhaftierten Drechsler, doch dieser erwies sich als Fehlgriff. Im März 1918 wird der gelernte Konditorgeselle Gustav Hiller in die Rendsburger Strafanstalt eingeliefert. 1890 in Hamburg als Sohn eines Tischlers geboren, tritt Hiller 1915 seinen Militärdienst als Luftschiffmatrose in Kiel-Holtenau an. Dort wird er im weiteren Verlauf seines Dienstes wegen „Verrats militärischer Geheimnisse" im Jahr 1917 festgesetzt und zu 15 Jahren Zuchthaus verurteilt. Schröder erkennt recht schnell das Potenzial dieses Häftlings und beauftragt Hiller mit dem Bau eines Stadtmodells – Rendsburg um 1660. Pläne und Zeichnungen werden ihm vorgelegt, Anweisungen erteilt, der Maßstab auf 1:600 fixiert. Und Gustav Hiller macht sich ans Werk, argwöhnisch belächelt von den Mithäftlingen, die mit Binsenflechten beschäftigt werden. Im Juni 1919 ist dieses Modell nach 128 Arbeitstagen fertig und löst helle Begeisterung im Rendsburger Heimatmuseum aus. Und die Detailgenauigkeit wird Hiller zum Verhängnis. Denn er hatte angenommen, mit der Fertigstellung dieses Modells seine auferlegte

Das Stadtmodell „Rendsburg um 1660".

Arbeit vollendet zu haben. Doch Hiller muss seine Arbeiten fortsetzen. Weitere vier Modelle: dreiteilig zur Altstadt um 1830 und 1848 sowie zum Stadtteil Neuwerk um 1830. Während des Baus dieser vier Modelle reicht Gustav Hiller immer wieder Gesuche zur Begnadigung ein, verrichtet dabei jedoch weiterhin seine Tätigkeit mit Akribie und Präzision in der Hoffnung, durch dementsprechende Beurteilungen der Anstaltsleitung vorzeitig entlassen zu werden. Am 14. Juli 1922 stellt die Rendsburger Strafanstalt dem Rendsburger Museumsverein die fünfte und letzte Rechnung über den Bau eines Modells über 2.537,65 Mark bei Zugrundelegung von 284 Tischlertagen aus. Kurz darauf wird Gustav Hiller endlich begnadigt und kehrt umgehend in seine Heimatstadt Hamburg zurück. Dort verliert sich seine Spur.

Als am 2. März 1973 im Alten Rathaus ein Großbrand ausbricht, ist das seinerzeit dort untergebrachte Rendsburger Heimatmuseum mit seinen fünf hölzernen Stadtmodellen in ernsthafter Gefahr. Sie können jedoch noch rechtzeitig vor der Zerstörung gerettet werden, sind jedoch durch den massiven Einsatz von Löschwasser schwer in Mitleidenschaft gezogen worden. Als provisorischen Standort nutzt man zunächst die benachbarte Herderschule am alten Standort auf dem Gymnasiumsberg, dem heutigen Platz des Neuen Rathauses. Der Rendsburger Künstler Rudolf Laurent Klein nimmt sich der Modelle an und gibt ihnen die Farbigkeit zurück, die durch den Brand verlorenging. Neue Hauben aus entspiegeltem Glas werden ab 1995 angeschafft, nunmehr im neuen Museumsstandort im Rendsburger Kulturzentrum. Und als 2020 die Neugestaltung der Dauerausstellung beginnt, werden auch die fünf Modelle einer grundlegenden Überprüfung unterzogen und maßvoll durch eine Holzrestauratorin für hoffentlich noch viele weitere Jahre konservatorisch gesichert, denn die Stadtmodelle sind nicht nur das mittlerweile über hundertjährige Vermächtnis des Häftlings Gustav Hiller aus der Rendsburger Strafanstalt, sie sind und bleiben das Markenzeichen des Historischen Museums Rendsburg!

Zwei Detailaufnahmen des Stadtmodells „Rendsburger Altstadt um 1830".

Das Stadtmodell „Rendsburger Neuwerk um 1830“ im Historischen Museum Rendsburg.

Die Rendsburger Drehbrücke

Bereits kurz nach seiner Eröffnung 1895 war der Nord-Ostsee-Kanal für die immer größer werdenden Schiffe zu klein geworden. Im Jahr 1911 begann man mit der Erweiterung des vorhandenen Kanals, dabei wurden Breite und Tiefe des Kanals vergrößert und die zwei Schleusen in Brunsbüttel und Holtenau erneuert. Zudem war es erforderlich, alle vorhandenen Brücken über den NOK durch neue Brücken über das verbreiterte Kanalbett zu ersetzen. Dies übernahm der Bauingenieur Friedrich Voss aus der „Kaiserlichen Kanalverwaltung" in Kiel. Er baute die Hochbrücken Holtenau und Hochdonn sowie die Eisenbahnhochbrücke mit Schwebefähre und die Drehbrücke in Höhe des Conventgartens in Verlängerung der Hindenburgstraße. Diese wurde 1912 eingeweiht und neben ihrer großen Schwester, der Eisenbahnhochbrücke, zur wichtigsten Kanalquerung in der Region. Über die Drehbrücke fuhr zudem neben den Kraftfahrzeugen die Kleinbahn Rosa bis zu ihrer Stilllegung 1957 ab Kleinbahnhof Berliner Straße bis nach Hohenwestedt und zurück. Bald nach Kriegsende 1945 setzte der rasante Wiederaufbau Europas ein und mit ihr nahm die Frequenz des Schiffsverkehrs auf dem NOK massiv zu. Dieser hatte Vorrang vor dem zusätzlich immer stärker werdenden Straßenverkehr, und so war die Drehbrücke gefühlt häufiger geöffnet als geschlossen.

Sie entwickelte sich innerhalb weniger Jahre zu einem echten Verkehrshindernis für die Region und den Fernverkehr von Nord nach Süd: erst auf der Fernstraße E 3 und später auf der B 77. In Spitzenzeiten stand der motorisierte Verkehr im Süden bis kurz vor Jevenstedt und im Norden auf Höhe der damaligen Rüdel-Kaserne, der heutigen Feldwebel-Schmid-Kaserne, mit Straßenführung mitten durch die Rendsburger Altstadt über den Jungfernstieg über den Paradeplatz, König-, Berliner- und Hindenburgstraße. Zudem lieferte sie immer wieder eine triftige Entschuldigung, wenn die Schulkinder aus Westerrönfeld zu spät zur Schule in Rendsburg kamen. Die Lage schrie förmlich nach einem Ersatzbauwerk: So entschied man sich für den Bau des Fahrzeugtunnels, der am 25. Juli 1961 für den Verkehr freigegeben wurde. Die Rendsburger Drehbrücke hatte einen Tag vorher den Betrieb endgültig eingestellt und verharrte in geöffnetem Zustand auf ihr weiteres Schicksal. Das heimliche Wahrzeichen der Stadt wurde letztendlich 1964 demontiert und verschrottet, der Fußgängertunnel hingegen am 28. Mai 1965 eröffnet.

Heute gibt es nur noch wenige sichtbare Spuren der Drehbrücke: Das Widerlager und die Nebelglocke sind in der Nähe des Fußgängertunnels auf der Nordseite in Höhe des Conventgartens noch zu sehen, auf der Südseite erinnert die Drehbrücken-Uhr an der Hauswand von „Scholler's Hotel" an die Uhrzeit ihrer Stilllegung. Doch wer heute noch die historische Drehbrücke in Betrieb nehmen will, kann dies am detailgetreuen Modell im Historischen Museum im Rendsburger Kulturzentrum selbst ausprobieren!

Die Drehbrücke. Aufnahme vom Südufer, 1950.

Die Rendsburger Drehbrücke und die Eisenbahnhochbrücke. Aufnahme von 1952.

Kilometerlanger Stau an der geöffneten Drehbrücke, um 1959.

Ein Frachtschiff auf dem Weg nach Kiel-Holtenau.

Die Laboratoriumsexplosion als bisher größtes Unglück der Stadt

Das Militär und die Stadt Rendsburg waren über 350 Jahre lang eng miteinander verbunden. Als Garnisonsstadt war Rendsburg sowohl unter dänischer als auch unter preußischer Herrschaft ein wichtiger Heeresstandort. Nach dem Dreißigjährigen Krieg (1618–1648) wurde die Stadtverteidigung von den Dänen ausgebaut und die Truppenzahl verstärkt. Mit der Erweiterung zum Bollwerk wurden auch große Mengen an Waffen und Munition in Rendsburg eingelagert. Zur Verteidigung der Stadt wurden Kanonen auf den Wällen positioniert, und um deren Effektivität zu gewährleisten, wurde innerhalb der Stadt eine Munitionsfabrik mit Munitionslager errichtet. Das 1786 erbaute sogenannte „Laboratorium" lag auf einer kleinen, langgestreckten Eiderinsel zwischen dem Arsenal und der Holstein-Bastion, wo heute das Neue Rathaus zu finden ist. Hier wurde die benötigte Munition hergestellt und gelagert. Dabei handelte es sich um massive Eisen- und Steinkugeln unterschiedlicher Kalibergrößen, jedoch ohne Sprengstoff-Füllung.

Am 7. August 1850 kam es in diesem Gebäude-Ensemble mittags um halb zwölf zu zwei heftigen und verheerenden Explosionen, die die ganze Garnisonsstadt erschütterten. Ein Geschosshagel ging auf die Bewohner nieder, und kaum ein Haus blieb unversehrt: Dächer wurden abgedeckt, Fenster zersprangen, gusseiserne Maueranker wurden herausgerissen, so auch ein Maueranker, der sich durch die Wucht der Explosion ungebremst in einen Baumstamm bohrte. Der Baum wurde 1919 gefällt und die betroffene Baumscheibe dem Rendsburger Heimatmuseum (heute: Historisches Museum Rendsburg) zu Ausstellungszwecken übergeben. Dem verantwortlichen Stadtkommandanten war direkt klar, dass die massiven Eisen- und Steingeschosse möglichst schnell wieder in militärische Obhut zu bringen sind, und so verkündete der Magistrat auf Anweisung einen Tag später in einem Aushang lapidar: „Auf Verlangen der schleswig-holsteinischen Artillerie-Brigade, werden die hiesigen Einwohner hiermittelst aufgefordert und befehligt, die in ihren Häusern und Hofräumen gefundenen oder sonst etwa aufgelesenen Kugeln, Granaten und sonstige Artilleriegegenstände innerhalb 24 Stunden auf dem hiesigen Arsenal unfehlbar abzuliefern."

Kein Wort des Bedauerns, kein erkennbares Mitgefühl für die Opfer der Katastrophe, keine Aussicht auf Entschädigungszahlungen für die angerichteten Zerstörungen. Noch heute werden gelegentlich solche Kanonenkugeln bei Tiefbauarbeiten innerhalb der Stadt gefunden, welche in großer Zahl im Historischen Museum Rendsburg magaziniert sind. Das kleinste Kaliber hat die vergleichbare Größe einer Boßelkugel, das größte Kaliber ist nur schwer vom Boden hochzuheben und gleicht vom Umfang einer Bowlingkugel. Mit 110 Toten und unzähligen Verletzten gilt die Laboratoriums-Explosion bis heute als das größte Unglück in der Stadtgeschichte. Ein imposantes Denkmal auf dem Garnisonfriedhof erinnert an diese Katastrophe und vor allem an seine Opfer. Dazu zählten 75 Soldaten, darunter auch 16 Eleven aus der Unteroffiziersschule in einem Alter von 12 bis 18 Jahren.

Das Rendsburger „Laboratorium" auf einer Eiderinsel. Darstellung nach C.I. Johannsen.

Die Laboratoriumsexplosion am 7. August 1850.

Als ein Kartoffelsalat Stadtgeschichte schrieb

Freitag, 10. Juni 1949: der 58. Verbandstag der landwirtschaftlichen Genossenschaften in Schleswig-Holstein neigte sich dem Ende zu. Die 600 Delegierten freuten sich nun auf den geselligen Teil der Zusammenkunft, die in diesem Jahr im Rendsburger „Schützenhof" in der Hindenburgstraße abgehalten wurde. Auf dem Gelände befand sich später das Christophorushaus, heute ein Seniorenheim. Der weit über die Landesgrenzen bekannte Gastwirt Karl Staack, genannt „Der lustige Karl", hatte zusammen mit seiner Frau Lene ein standesgemäßes Essen vorbereitet: Kartoffelsalat aus eigener Produktion und Würstchen vom Schlachter Heitmann aus der Löwenstraße, dazu die passenden Kaltgetränke. Das Wetter: sommerlich warm. Die Delegierten hatten abgelegt, viele saßen mit Strohhüten in der prallen Sonne auf der Terrasse. Und der gepfefferte Kartoffelsalat steigerte noch den Durst: Bier- und Weinkisten genügten nicht mehr, Fässer mussten herangerollt und angestochen werden. Dazu heizte die Hauskapelle die Stimmung mit einem schmissigen Repertoire zusätzlich an. Alles lief auf einen unbeschwerten, fröhlichen Abend hinaus, als einem Delegierten schlagartig übel wurde und er blitzartig den Saal verlassen wollte. Doch die Flucht schlug fehl; über den Köpfen der unmittelbaren Nachbarschaft wurde der Kartoffelsalat geopfert. Erste Vermutungen, dass er wohl zu tief ins Glas geschaut habe, wurden jäh widerlegt. Denn schlagartig setzte eine allgemeine Saalflucht ein. Und da die Toiletten für einem derartigen Ansturm nicht ausgelegt waren, erleichterte man sich unter Tischen und unter den Bäumen des weitläufigen „Schützenhof"-Areals. Die Situation lief aus dem Ruder. Passanten auf dem Weg zur Drehbrücke über den NOK alarmierten die Polizei; dem „Lustigen Karl" wurde angesichts des abrupten Stimmungsumschwungs ungemütlich.

Er alarmierte das Rendsburger Krankenhaus, welches mit allen verfügbaren Rettungswagen ausrückte. Doch die reichten nicht, um die je nach Intensität der gelb-grünen Gesichtsfarbe ärztlicherseits bereits vorsortierten Delegierten abzutransportieren. Die Polizei rief eine Alarmstufe aus und beschlagnahmte vorbeifahrende Pkw und Lkw. Streifenbeamte fahndeten nach hilflos Umherirrenden in benachbarten Vorgärten, Garagenhöfen und Hauseingängen.

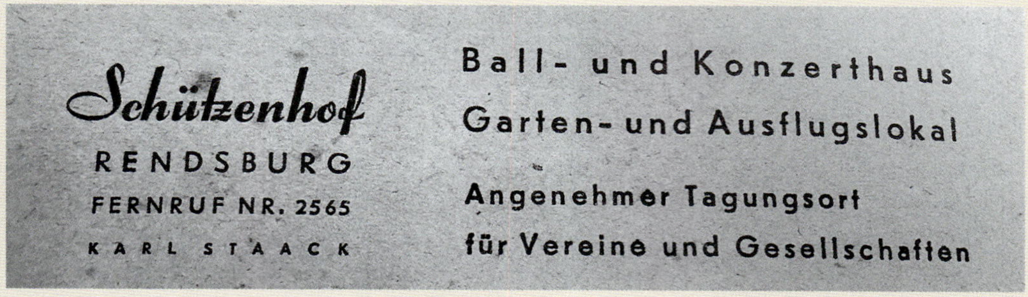

„Schützenhof"-Zeitungsanzeige aus dem Jahr 1948.

Der „Schützenhof" an der Ecke Hindenburgstraße / Berliner Straße, 1954.

Die Blottnitz-Kaserne, später: Eiderkaserne in der Arsenalstraße diente als schnell hergerichtetes Lazarett, da für ein derartiges Großereignis die Kapazität des Krankenhauses nicht ausreichend war. Hier wurden die Betroffenen reihenweise aufgebahrt, Mägen ausgepumpt und literweise Rizinusöl verabreicht.

Auf der gegenüberliegenden, südlichen Kanalseite stand derweil im „Schützenheim" von Gastwirt Nikolaus Wamser das Telefon nicht mehr still: aufgeregt fragte man nach verlorengegangenen Ehemännern und Familienvätern. Doch Wamser wusste von nichts und war schon für den im „Schützenhof" verabreichten Kartoffelsalat nicht zuständig. Den hatten die Wirtsleute Staack am Abend vor dem Event in großen Zinkbottichen liebevoll und nach bestem Wissen und Gewissen zubereitet und damit innerhalb von gut 30 Minuten eine durchschlagende chemische Verbindung zwischen der Essigsäure des Salats und dem Zink der Bottiche ausgelöst: die dadurch aktivierten Zinksalze waren hochgradig gesundheitsschädlich, sehr aktiv und zudem farbneutral. Nach einer unruhigen Nacht verließen am Sonnabendvormittag die halbwegs genesenen Delegierten das Lazarett auf wackeligen Beinen. Für Lene und Karl Staack hatte dieses Ereignis jedoch noch ein juristisches Nachspiel: Die Staatsanwaltschaft leitete ein Strafverfahren wegen „Herstellung und Verkauf gesundheitsgefährdender Speisen in Tateinheit mit fahrlässiger Körperverletzung und gemeingefährlicher Vergiftung" ein. Das schnelle Urteil erging am 10. August 1949: 300 DM, ersatzweise 30 Tage Haft. Die rund 80.000 DM Schadenersatz- und Schmerzensgeldforderungen der Betroffenen zahlte die Versicherung, doch der gute Ruf des „Lustigen Karl" war zunächst einmal massiv bekleckert, zumal das noch junge Nachrichtenmagazin „DER SPIEGEL" unter der Überschrift „Das Rendsburger Bauernsterben" diese Episode aus der schleswig-holsteinischen Provinz genüsslich aufbereitete und damit bundesweit für gute Unterhaltung sorgte. Bis heute sind diese Ereignisse Teil der Rendsburger Erinnerungskultur.

Die Rendsburger Schwebefähre

Im Juni 1913 konnte man in der örtlichen Zeitung lesen: „Wir Rendsburger haben uns in den letzten Jahren daran gewöhnt, daß Gewaltiges vor unseren Augen entsteht, daß Altes fällt, um Neuem, Vollkommneren Platz zu machen; wir haben uns so daran gewöhnt, daß wir fast das Staunen verlernt haben. Und doch gibt es immer wieder Dinge zu schauen, die sonst kaum irgendwo im deutschen Vaterlande wiederkehren, kühne Bauten, die Rendsburg in immer steigendem Maße zum hochinteressanten Reiseziel machen werden für Fachleute wie für andere Sterbliche. Die zukünftige Sehenswürdigkeit Rendsburgs, von der hier die Rede sein soll, ist die Schwebefähre, die nach Fertigstellung unserer Hochbrücke den direkten Wagen- und Personenverkehr zwischen Rendsburg und Osterrönfeld nebst Hinterland vermitteln wird."

Das war ein wuchtiges, vor Selbstbewusstsein strotzendes Statement an die Rendsburger und die Region: „Hier passiert die Welt", so wie auch der noch vor wenigen Jahren gültige Marketing-Slogan der Stadt am Nord-Ostsee-Kanal lautete. Und aus damaliger Sicht war diese Wahrnehmung durchaus berechtigt: am 25. Juni 1895 war der Nord-Ostsee-Kanal durch Kaiser Wilhelm II. eröffnet worden, und die bereits wenige Jahre später notwendige Erweiterung des Kanalbetts sollte zum Bau des seinerzeit größten Stahlbauwerks der Welt unter dem genialen Brückenbaukonstrukteur Friedrich Voss führen: die Eisenbahnhochbrücke. Sie rangierte in der Wahrnehmung von Stahlbauern im internationalen Vergleich sogar noch vor dem filigranen Eiffelturm, der anlässlich der Weltausstellung in Paris nach gut zwei Jahren Bauzeit im März 1889 fertiggestellt wurde. Doch im Gegensatz zu der erwähnten Zeitungsmeldung war das Bauprojekt für die Eisenbahnhochbrücke anfänglich noch mit allgemein spürbarer Skepsis aufgenommen worden: das war für Viele nun doch zu visionär und überstieg die Vorstellungskraft der Bevölkerung. Die Vorbehalte wichen aber sehr schnell im Verlauf der Stahlbauarbeiten, und die Baustelle wurde zum Ziel von Wochenendausflügen und Dienstreisen interessierter Hochbauingenieure aus aller Welt.

Am 1. Oktober 1913 war es dann so weit: die ersten Züge rollten über die Hochbrücke, die schnell zu einem Wahrzeichen Rendsburgs werden sollte. Für die zeitgleich geplante Schwebefähre waren während des Baus auch die Gleise des sogenannten Fahrwagens auf der Hochbrücke montiert worden. Zwölf Stahlseile hielten den Korpus der 45 Tonnen schweren alten Schwebefähre, der mit einer Reisegeschwindigkeit von 5 km/h nach knapp 2 Minuten Überfahrt das jeweils andere Ufer in Rendsburg oder Osterrönfeld erreichen sollte. Und sie wurde zu einer echten Abkürzung für die Arbeiter der Carlshütte auf dem Weg nach Büdelsdorf, Schulkinder in die Schulen nach Rendsburg und Milchlaster zu den Molkereien. Es erstaunte nicht, dass die Schwebefähre von der Bevölkerung vom ersten Tag an dankbar angenommen wurde, ganz besonders von den Osterrönfeldern. Friedrich Voss griff mit seiner Idee für eine Schwebefähre als verkehrstechnisches „Anhängsel" auf bereits bestehende Vorbilder zurück: 1893 nahm die Schwebefähre Bilbao in Spanien als erste ihrer Art den Betrieb auf, gefolgt von gleichartigen Bauwerken in Bizerta (Tunesien, 1898, 1909 nach Brest verlagert und dort 1947 abgerissen), Rouen (Frankreich 1898, 1940 zerstört), Nantes (Frankreich 1898,

Arbeiter auf der Schwebefähre auf dem Weg zur Frühschicht, um 1950.

1958 abgerissen), Marseille (Frankreich 1905, 1944 zerstört), Rochefort (Frankreich, 1900), Runcorn (England, 1905, 1961 abgerissen), Newport (England, 1906), Osten-Hemmoor (Niedersachsen, 1909) und Middelsbrough (England, 1911). Und Voss konnte sich sogar in seiner Heimatstadt Kiel inspirieren lassen, denn dort schwebte seit 1910 eine Fähre für die Werftarbeiter der Kaiserlichen Werft in Kiel-Ellerbek über einen Seitenarm der Förde. Sie sollte 1923 stillgelegt und demontiert werden.

Bis heute ist die Rendsburger Schwebefähre eine von insgesamt acht noch aktiven Schwebefähren weltweit. Und wir alle wissen, dass das Schicksal der Rendsburger Schwebefähre um ein Haar in den frühen Morgenstunden des 8. Januar 2016 durch die schwere Kollision mit dem Frachter „Evert Prahm“ besiegelt worden wäre. Erst am 4. März 2022 ging der Neubau der Schwebefähre in Betrieb. Das Original nahm am 2. Dezember 1913 den Fährverkehr zwischen Nord- und Südufer des Kanals auf.

Die alte Rendsburger Schwebefähre wurde bei einer Havarie am 8. Januar 2016 schwer beschädigt und musste durch einen Neubau ersetzt werden.

Der Altstädter Markt – seit über 800 Jahren das Zentrum der Stadt

Nur wenige Städte in Schleswig-Holstein zeigen so einschneidende Wandlungen im Stadtbild wie Rendsburg. Galt die Altstadt rund um das Alte Rathaus, die benachbarte Marienkirche und den Altstädter Marktplatz als Keimzelle der erstmals 1199 urkundlich erwähnten und somit über 824 Jahre alten Stadt, so wurde nach den Erfahrungen schwedischer Belagerungen im Dreißigjährigen Krieg (1618–1648) auch Rendsburg durch neue, zeitgemäße Befestigungsanlagen ausgebaut und gesichert. Ab 1690 wurde das Neuwerk als völlig neuer Stadtteil unter militärischen Gesichtspunkten errichtet, und mit dem Paradeplatz und der Christ- oder Garnisonkirche ein weiteres städtisches Zentrum geschaffen. Nimmt man zudem den Schiffbrückenplatz als neues städtisches Zentrum in der Altstadt hinzu, mag es so wirken, als hätte der Altstädter Markt seine angestammte Funktion als Stadtzentrum im Verlauf der letzten Jahre mehr und mehr verloren.

Doch wie eh und je gilt er als die „gute Stube“ und Visitenkarte für die Gäste der Stadt, mit einer mittelalterlichen Bebauung im Schutz des Alten Rathauses und der Marienkirche. Von hier aus erstreckt sich die Hohe Straße, die Mühlenstraße mündet in die Schleifmühlenstaße, der Stegen führt Richtung Stadttheater und Jungfernstieg. Über das Pflaster des Altstädter Markts marschierten über Jahrhunderte alle Arten von internationalen und nationalen Uniformen, an Markttagen war der Platz vollgestopft mit lebhaftem Treiben, aus Rendsburg und Umgebung kaufte man im Kaufhaus Grimme, später bei Hertie und Karstadt, hier eröffnete man noch bis vor wenigen Jahren das Stadtfest Rendsburger Herbst und es versammeln sich noch heute die beiden Gilden unmittelbar nach Pfingsten. Die neue Bebauung des Schiffbrückenplatzes mit der Schiffbrückengalerie und ihren attraktiven Geschäften hat möglicherweise die Laufwege der Rendsburgerinnen und Rendsburger verändert. Doch der Altstädter Markt bleibt das Herz der Altstadt und die Keimzelle Rendsburgs.

Der Altstädter Markt und lebendiges Markttreiben um 1880.

Blick auf den Wochenmarkt auf dem Altstädter Markt. Aufnahme von 1954.

Lamichs Pavillon am Jungfernstieg

Am 1. September 1906 gründete der Kaufmann Johannes Lamich ein Geschäft für „Posamenten, Stickerei- und Tapisserie" im Stegen 2. Heute befindet sich dort ein Bürogebäude, an der Ecke zum Stegengraben. Hier versorgte er mit stetig wachsendem Erfolg die Zivilisten und Soldaten der Garnison mit Zierbändern, Kordeln, Litzen, Quasten, Volants, Spitzen aller Art, überzogenen Knöpfen und zudem mit bedruckten Stoffen. Schnell hatte sich Johannes Lamich einen guten Ruf weit über die Stadtgrenzen hinaus erarbeitet, und die damit verbundene vermehrte Nachfrage und der wirtschaftliche Erfolg ließen ihn über eine Erweiterung des Sortiments nachdenken. 1920 war im „Rendsburger Adressbuch" zu lesen, dass man bei Lamich nicht nur allerlei Kurzwaren, sondern auch Spielwaren und Trikotagen kaufen konnte. Da das Geschäft im Stegen nun räumlich an seine Grenzen stieß, wurde 1926 gegenüber vom Stadttheater auf städtischem Baugrund ein Pavillon errichtet, der in der Bevölkerung sehr schnell nur noch „Lamichs Pavillon" heißen sollte.

Quasi an der Nahtstelle zwischen Altstadt und Neuwerk, in Sichtweite der Sparkasse, „Greens Hotel" und dem Stadttheater, zudem an der damaligen Nord-Süd-Hauptverkehrsachse Rendsburgs gelegen, bürgte das Geschäft von Lamich gleichermaßen für Qualität und Umsatz. Johannes Lamich hatte sich jedoch altersbedingt zurückgezogen; Inhaber war nun Walter Bense, der von einer Umbenennung aus gutem Grund nichts wissen wollte. Gemeinsam mit seiner Frau und dem Geschäftsführer Kurt Thiel führte er den Pavillon durch schwere und bewegte Zeiten, so wurde das Geschäft nach Kriegsende aufgeteilt, um neben dem Verkauf auch eine Tauschzentrale für Textilien einzurichten. Diese hatte bis zur Währungsreform und der Einführung der D-Mark am 20. Juni 1948 Bestand und sicherte zudem die Arbeitsplätze des angestammten, meist weiblichen Personals.

Doch auch die Tage des Pavillons waren gezählt: Mitte der 1950er-Jahre erwarb Walter Bense das Gebäude am Jungfernstieg 10 und baute es für seine Zwecke zeitgemäß um. 1960 erfolgte dann der Umzug und die Räumung des Pavillons, der das Stadtbild an einer zentralen Stelle in der Rendsburger Innenstadt über Jahrzehnte geprägt hat. 1961 wurde er abgerissen. Das Unternehmen am Jungfernstieg war jedoch noch bis 1966 geöffnet, bis das Geschäft aufgegeben wurde. Die Räumlichkeiten waren nunmehr frei für ein weiteres Kapitel im Innenstadt-Einzelhandel: die Kaufhauskette Quelle bezog die Verkaufsräume und Lamich mit seinem Pavillon war endgültig Geschichte.

Rendsburger Engros-La
Wollwaaren. Wäsche. Tricota
Putzmacherei.
Erste Handmaschienenstric
Ernst Müller.
Joh. Lamich.
Rendsburg.
Stegen

„Greens Hotel" und „Lamichs Pavillon". Aufnahme um 1958.

◄ Im Stegen 1906 – das Geschäft von Johannes Lamich am ersten Standort.

Panorama mit dem neuen Geschäft von „Lamich“ links, der Dresdner Bank und dem Stadttheater rechts im Jahr 1963.

SPD

Der Rendsburger Garnisonfriedhof erzählt schleswig-holsteinische Geschichte

Er befindet sich nur einen Steinwurf vom Neuwerker Friedhof unweit des Rendsburger Kanalufers und dokumentiert mit seinen historischen Gräberfeldern und einzelnen Grabstellen die Geschichte unseres Landes und der Rendsburger Garnison. An der Friedhofsallee in nördlicher Ausrichtung gelegen, vis-à-vis zur Kapelle des Friedhofs Neuwerk, wird bei einem Spaziergang an landesgeschichtlich prägende Ereignisse erinnert. Neben zahlreichen Einzelgräbern mit gusseisernen Kreuzen für gefallene Soldaten und zwei stattlichen Einzelgräbern für Premierleutnant Leo Hold (1860–1890) und Major von Gerstenberg (1778–1830) findet sich in der Chronologie dieses als Militärfriedhof angelegten Gedenkorts zunächst ein großer Findling, der mit seiner dominant eingelassenen Jahreszahl 1813 an die Schlacht bei Sehestedt während des Herbstfeldzugs Napoleons erinnert. Bis 1848 wurden im sogenannten „Sklavenfeld" die gestorbenen Gefangenen der Rendsburger Festung unehrenhaft bestattet.

Die Ruhestätten militärischer Opfer der Schleswig-Holsteinischen Erhebung 1848 bis 1850 finden sich hier ebenso wie bestattete österreichische Offiziere aus dem Deutsch-Dänischen Krieg 1864. Eine Cholera-Epidemie wütete 1850 in Rendsburg mit zahlreichen Opfern, an die durch eine eher schmucklose, unbeschriftete Stele erinnert wird. Im Gegensatz dazu steht ein stattlicher Obelisk in sichtbar gestalteter Einzellage, der das bis heute größte Unglück der Stadtgeschichte ins Gedächtnis der Besucher ruft: am 7. August 1850 detonierte das sogenannte „Laboratorium", die Munitionsfabrik auf einer Eiderinsel unweit der Rendsburger Altstadt, und forderte über 110 Tote. Im Deutsch-Französischen Krieg 1870/71 wurden auf dem Friedhof französische Kriegsgefangene beerdigt und allgemein durch einen gesonderten Gedenkstein der Rendsburger Kampfgenossen gedacht. Gleich rechts vom Friedhofseingang dominiert ein großes Steinkreuz das Gräberfeld für Opfer des Zweiten Weltkriegs. Schräg links davon sind die Ruhestätten russischer Kriegsgefangener (1914–1918) und hier in Rendsburg gestorbener Zwangsarbeiter und Zwangsarbeiterinnen (1942–1945). Separat und seitlich die Einzelgräber von Gefallenen im Ersten Weltkrieg, geschützt durch ein hohes, nicht zu übersehendes Steinkreuz.

Seit 1970 steht der Rendsburger Garnisonfriedhof der evangelisch-lutherischen Kirchengemeinde Rendsburg unter Denkmalschutz und wird seit 2021 durch eine sehr aktive Gruppe ehrenamtlicher Kräfte instandgesetzt und liebevoll gepflegt – zum allgemeinen Gedenken an die Toten der Garnison und der Region Rendsburg.

C A L H Lesser
Oberstlieutenant der Artillerie
Festungscommandant v. Rendsburg
geb. zu Jena d. 24 Dec. 1799
gest. d. 19 Aug. 1850.

GEORG ADOLPH
WILHELM
VON
GERSTENBERG
Major der Artillerie
Ritter der Orden des
Dannebrogs und der
Ehrenlegion.

HIER RUHEN
25 IN DER
KRIEGS=
GEFANGENSCHAFT
GESTORBENE
RUSSEN
1914=1918

Die Berufsschule an der Kieler Straße – einst die Königliche Tiefbauschule

Ab 1888 wurde der Nord-Ostsee-Kanal als neue Wasserstraße zwischen den Meeren gebaut. Zwischen Kiel-Holtenau und Brunsbüttel arbeiteten Tausende aus ganz Europa an diesem epochalen Bauwerk. Doch schon bald war klar: Ohne fachkundige Begleitung durch versierte, ausgebildete Tiefbau-Ingenieure würde dieses Großprojekt scheitern. Guter Rat war teuer! Was tun, wenn Fachkräfte fehlen? So wurde fünf Jahre nach Baubeginn in der Rendsburger Nienstadtstraße die Königliche Tiefbauschule eingerichtet, die am 3. Oktober 1893 den Unterricht aufnahm.

Erster Direktor war der Ingenieur Friedrich Hartmann, und unter seiner Leitung wurden annähernd 100 Schüler unterrichtet. Alle hatten als Voraussetzung einen mindestens guten Volksschulabschluss und eine bereits abgeschlossene Lehre vorzuweisen. Zudem musste das polizeiliche Führungszeugnis ohne jeden Tadel sein. Einige Schüler hatten gerade ihre Lehrzeit hinter sich und waren knapp 17 Jahre alt. Andere hatten mit Ende 20 bereits einige Jahre als voll ausgebildete Handwerksgesellen gearbeitet und standen voll im Leben. Die außerordentlich strenge Schulordnung sorgte dafür, dass die Absolventen nach vier Semestern ausgebildete Tiefbauer waren. Ihre Fertigkeiten lagen im heutigen Vergleich dabei etwa zwischen denen eines Handwerksmeisters und eines Diplomingenieurs, obwohl der Lehrplan der Schule nur die theoretische Ausbildung für Straßenbau, Wasserbau und Eisenbahnbau umfasste. Schulträger der Königlichen Tiefbauschule war zunächst die Stadt Rendsburg. Ein achtköpfiges Kuratorium unter Vorsitz des Bürgermeisters tagte dazu regelmäßig. Doch 1904 bemängelten Regierungsvertreter aus Schleswig die unzureichenden räumlichen Gegebenheiten im Schulgebäude in der Nienstadtstraße. Ein Neubau wurde lebhaft diskutiert und dann unter veränderter Trägerschaft auch realisiert: ab 1910 wurde an der Kieler Straße ein stattlicher, zeitgemäßer Neubau errichtet, jetzt als staatliche Bildungseinrichtung, zudem auch mit einem erweiterten Lehrangebot. Nun wurden die Schüler auch im Hochbau unterwiesen, und die Schule konnte ihren guten Ruf über die Landesgrenzen hinweg weiter ausbauen.

25 Jahre später wurde die Tiefbauschule nach Eckernförde verlegt und mit der dortigen Bauschule vereinigt, die nach dem Zweiten Weltkrieg den Status einer Fachhochschule erhielt. Zum Wintersemester 2007/08 wurde auch der Standort Eckernförde aufgegeben, da der Fachbereich ausgegliedert und in den Fachbereich Bauwesen der Fachhochschule Lübeck integriert wurde. Das Schulgebäude der ehemaligen Tiefbauschule in der Kieler Straße an der Ecke zum Röhlingsweg wurde von der städtischen Berufsschule bezogen, die heute als Teil des Berufsbildungszentrums Rendsburg-Eckernförde weiterhin ausbildet.

Die neu errichtete Tiefbauschule an ihrem Standort in der Kieler Straße, 1922. ▸

Die Königliche Tiefbauschule in der Nienstadtstraße, um 1900.

Absolventen des Jahrgangs 1912/13 der Königlichen Tiefbauschule.

OM BERGFEST W.S. 1912-13.

Als der Radsport in Rendsburg begann

1894 stand der Nord-Ostsee-Kanal nach heute unvorstellbar anmutenden sechs Jahren Bauzeit kurz vor der Fertigstellung. Die Straßen in und um Rendsburg waren nicht asphaltiert, über Kopfsteinpflaster ratterten Pferdefuhrwerke, die Garnison war mit 2.500 Soldaten bei Rendsburgs Einwohnerzahl von etwa 18.000 sehr gut gefüllt und es gab noch einen echten Kaiser. Aber einigen Rendsburgern reichte das nicht.

Man interessierte sich brennend für die erst wenige Jahre zuvor entwickelten Fahrräder mit Diamantrahmen, die unseren heutigen Rädern in der Geometrie schon sehr nahe kamen. Das Hochrad hatte ausgedient, denn man setzte nun auf Kettenantrieb, Kernledersattel und gebogene Lenker. Die kaufte man bei Ferdinand Piening, später: Paul Matz am Rendsburger Paradeplatz/Ecke Königstraße, oder über einen Versandhauskatalog von August Stukenbrok in Einbeck, so z.B. das Modell „Deutschland", ein – wie es im Katalog hieß – „schneidiger, hervorragender, hocheleganter und leichter Straßenrenner mit abfallendem Rahmen" mit Innenlötung, Holzfelgen, Pedalhaken und einem Gesamtgewicht von 11 kg für 117 Reichsmark. Und so topaktuell ausgestattet suchte man nach entsprechenden Gegnern, um sich im sportlichen Wettkampf zu messen. Die Bereifung war anfänglich noch aus Vollgummi. Doch wer es sich leisten konnte, stieg auf Luftbereifung um und hatte schlagartig große Wettbewerbsvorteile.

Für heute aktive Radsportler auf ihren Carbon- oder Alurennern hierzu mal eine Vergleichszahl: 1894 stand der Bundesrekord über die Distanz von 150 km Alleinfahrt bei 5 Stunden und 10 Minuten. Der Schnitt von knapp unter 30 km/h ohne Freilauf und Gangschaltung kann sich heute noch sehen lassen. Das sportliche Outfit: nicht etwa bunte Trikots und hautenge Hosen aus Kunstfaser, sondern weite Jacketts mit hochgeschlossenem Kragen, Kniebundhosen, Stutzen und Stoffkappe. Helme gab es damals nur im Infanterieregiment 85, doch die auch nur aus Leder. Gefahren wurde nach jährlich zu aktualisierenden „Radfahrkarten".

Der Vorreiter dieser exklusiven Sportart in Rendsburg war der angesehene Kaufmann Ernst Müller, der ein Geschäft für Textilien aller Art, die neueste Hutmode und Spielwaren im Stegen betrieb. 1894 gründete er mit zehn Sportsfreunden in der Gastwirtschaft „Martinelli" in der Bahnhofstraße den ersten Radsportverein der Region. Sie wählten mit „Rendsburger Bicycle-Club von 1894" einen sehr weltmännisch klingenden Namen für ihre Aktivitäten. Der Club machte schnell von sich reden, so 1896 mit dem Radrennen „Rendsburg–Eckernförde–Rendsburg". Da war man schon mit 14 Fahrern am Start! Von nun an durchwehte die Aura von elegant-athletischen Herrenreitern die Straßen der Region, doch als die selbsternannte „Herrenrasse" der Nazis ab 1933 die Macht an sich gerissen hatte, war es mit dem exklusiven Etikett schnell vorbei. Gleichgeschaltet im wahrsten Sinne des Wortes hieß man nun „Rendsburger Radfahrgemeinschaft". So hieß man aber Gott sei Dank nur bis zum Zusammenbruch 1945. Danach hatte man sich um eine Lizenzierung bei der britischen Besatzung anzustellen, und dabei spielte dem Rendsburger Bicycle-Club seine ursprüngliche Benennung in die Karten.

Saalradfahrer des Rendsburger Bicycle-Clubs in den 1920er-Jahren.

Nach der erfolgten Lizenzierung fanden spannende Rundrennen Anfang der 1950er-Jahre vor Tausenden Zuschauern auf dem Nordmarkhallenplatz in der Rendsburger Schleife statt. Doch auch das bereits in den 1920er-Jahren überaus populäre Saalradfahren nahm an Fahrt auf. Durch die aufkommende Massenmotorisierung ab Anfang der 1960er-Jahre war dann das Radfahren – in welcher Form auch immer – plötzlich nicht mehr populär und gewann erst Ende der 1970er-Jahre durch die Erfolge von Rudi Altig und Didi Thurau bei der Tour de France neuen Schwung. Und heute werden bei einsetzendem Frühlingswetter die Radsportler schlagartig wieder aktiv, und auch sonst ist das Fahrrad als klimaneutrales Fortbewegungsmittel aus unserem Alltag nicht mehr wegzudenken.

1896: Startaufstellung des Rendsburger Bicycle-Clubs für das Radrennen Rendsburg–Eckernförde–Rendsburg.

Der Rendsburger Radsportmentor Ernst Müller auf seiner Rennmaschine. Aufnahme von 1905.

Der Rendsburger Jahrmarkt

Sie faszinieren uns seit Jahrhunderten. Sei es der Rummel aus Kindheitstagen oder die internationale Touristenattraktion von heute – wie das Münchner Oktoberfest, die Cannstatter Wasen in Stuttgart, der Hamburger Dom oder der Bremer Freimarkt. Jahrmärkte sind eine schillernde Parallelwelt mit magischen Anziehungskräften für Jung und Alt. So auch in Rendsburg! Zuckerwatte, Mandelduft und Spielbuden-Gedudel, dazu das Geschrei der Losbuden-Verkäufer: für viele von uns eine Kindheitserinnerung. Doch seit wann gibt es Rummel, Jahrmarkt oder Messe überhaupt, wie sind sie entstanden? Ein Begriff verrät den Ursprung: Kirmes. Festliche Anlässe folgten im Mittelalter dem Kirchenkalender. So wurden Märkte an Feiertagen wie Pfingsten oder an den Jahrestagen der Kirchweihe abgehalten. Aber auch andere Ereignisse riefen eine Kirmes ins Leben: In London etwa fanden zwischen 1608 und 1814 sogenannte „Frostjahrmärkte" statt. Und zwar immer dann, wenn die Themse zugefroren war. Drucker verkauften Souvenirkarten, und sogar ein Elefant war einmal auf dem Eis der Themse zu bestaunen.

Marktrechte, von Königen oder Fürsten verliehen, waren damals Ausgangspunkt für einen florierenden Handel: Die Magdeburger Herbstmesse von 1010 oder der Bremer Freimarkt von 1035 lockten scharenweise Händler in die Stadt. In kleineren Dörfern und Städten war der Jahrmarkt zudem die wichtigste Möglichkeit, sich auszutauschen. Denn fahrende Handelsleute konnten sich dabei ziemlich sicher sein, hier reichlich Kundschaft vorzufinden, und oftmals kamen sie nur einmal im Jahr vorbei. Ortsansässige Bauern und Handwerker hingegen konnten ihre Waren auf den Jahrmärkten in diesem Rahmen einem größeren Kundenkreis anbieten. Der Jahrmarkt war allerorten über Jahrhunderte ein langersehntes Ereignis. In einer Zeit, die weder Zeitungen noch Post, geschweige denn Telefon und Internet kannte, war der Jahrmarkt mehr als nur ein Händlertreffen. Er war Heiratsmarkt, Bildungseinrichtung, Kuriositätenkabinett, Bühne für Wunderheiler und Wahrsager: alles kam hier zwischen bunten Buden und Karussells zusammen. Ende des 19. Jahrhunderts gehörten auch erste Filmvorführungen dazu. Im 20. Jahrhundert ersetzten immer schnellere Fahrgeschäfte, Schießbuden, Riesenräder, Geisterbahnen und Kettenkarusselle die Gaukler und Wahrsager, und schon damals lag der Duft von gebrannten Mandeln, Zuckerwatte und Bratwurst über dem Festplatz.

In Rendsburg wanderte der jahreszeitliche Jahrmarkt je nach Bedarf. Heute ist er fest auf dem Willy-Brandt-Platz an der Nordmarkhalle etabliert. Doch auch auf dem Paradeplatz, auf dem Altstädter Markt sowie am Obereiderhafen wurden in Rendsburg Jahrmärkte gefeiert. Die hier gezeigten historischen Fotos wurden in den 1930er-Jahren auf dem Jahrmarkt am Paradeplatz aufgenommen.

Junge Aufbauhelfer für den Jahrmarkt auf dem Paradeplatz, 1935.

Ein spannendes Motorradrennen im Kinderkarussell.

An der Eisbude …

… und am Luftballonstand.

Vier Stadttore sicherten die Rendsburger Großfestung

Es war nicht ungewöhnlich, dass sich Siedlungen bereits im Mittelalter mit massiv errichteten Toren und Wällen gegen Eindringlinge zu schützen versuchten. So auch Rendsburg, das sich bereits Anfang des 13. Jahrhunderts gleich drei Tore und Palisaden errichtete. Das nördlichste Tor war seinerzeit das Mühlentor. Es versperrte den Damm auf das Nordufer der Eider. Der Übergang zum südlichen Eiderufer wurde durch das Holstentor gesichert, und das dritte Tor – das Hukestor – stand am Eingang zur Hohen Straße auf Höhe der Schiffbrücke, der damaligen Anlegestelle für Schiffe. Einzig das Holstentor wurde im weiteren Verlauf abgebrochen und versetzt, denn durch die erstmalige Aufschüttung von Festungswällen zwischen 1536 und 1539 stand es nun strategisch günstiger in der Eisenbahnstraße in Höhe des heutigen Parkdecks. Doch nach den Erfahrungen und Belagerungen während des Dreißigjährigen Krieges (1618–1648) wurde der zeitgemäße Ausbau zu einer Großfestung unter dänischer Herrschaft ab 1669 begonnen.

Zunächst wurde das Hukestor entbehrlich, da die Schiffbrücke quasi als Binnenhafen bereits durch die aufgeschütteten Wälle gesichert war. Erneut verschoben wurde das Holsteiner Tor, das vormalige Holstentor: Es stand nun am Ausgang des Stegens in Höhe der heutigen Commerzbank am Jungfernstieg. Das Schleswiger Tor wurde am unteren Ende der Torstraße als Ersatz für das alte Mühlentor errichtet. Wer bis hierhin mitgezählt hat, kommt nun auf zwei stattliche Tore, die die Altstadt sichern sollten: das Schleswiger Tor und das Holsteiner Tor. Durch den zweiten Festungsausbau von 1690 bis 1695 wurde jedoch die Umwallung Richtung Norden durch das Kronwerk und im Süden durch den völlig neu geplanten Stadtteil Neuwerk ergänzt. Es war somit notwendig geworden, auch hier an den strategischen Nahtstellen Tore zu errichten: das Kronwerker Tor im Verlauf der heutigen Hollesenstraße in Höhe des Packhauses und das alles dominierende Königstor (oder Neu-Holsteiner Tor, Neutor, Neuwerker Tor) mit dem imposanten Löwenwappen als weithin sichtbares Zeichen des dänischen Hoheitsgebiets an seiner Außenfassade am südlichen Ausgang der Königstraße.

Alle vier Tore riegelten nun die Großfestung Rendsburg von der Außenwelt ab. Handel und Wandel wurden nunmehr durch militärisch festgelegte Toröffnungs- und Torsperrzeiten genauestens reglementiert. Außerhalb dieser Zeiten war es unmöglich, in die Stadt zu gelangen, geschweige denn hinaus. Die Ausmaße der Tore waren beeindruckend: eine Höhe von etwa 13 Metern, eine Breite von 7 Metern und einer Tordurchfahrt von etwa 17 Metern. Sie waren eingepasst in jeweilige Wälle, deren Höhen dafür sorgten, dass einige Straßen dauerhaft verschattet bleiben sollten und nie die Sonne sahen. Derart abgeriegelt, lebte es sich in der Rendsburger Festung wie unter einer Käseglocke. Zivilisten wie Soldaten teilten sich dieses Schicksal, das sich erst 1852 durch die Entscheidung des dänischen Königs, die Festung schleifen zu lassen, schlagartig verändern sollte. Der Hintergrund dieser Entscheidung lag im Beginn der Schleswig-Holsteinischen Erhebung (dänisch: oprør) am 24. März 1848 auf dem

Das Alt-Holsteinische Tor in der Altstadt (1856 abgebrochen).

Rendsburger Paradeplatz, deren militärisch-politischen Auswirkungen dem dänischen König Friedrich VII. die unsichere Gefolgschaft der Rendsburger Festung vor Augen führte. Und nun begann die sukzessive Abtragung von Wällen und Toren nach einem genau festgelegten Plan. Zunächst wurde das Kronwerk niedergelegt und das gleichnamige Tor 1853 abgerissen. 1855 fiel das Schleswiger Tor am Ausgang der Torstraße, ein Jahr später das stattliche Altholsteiner Tor als Pendant in der Altstadt. Für die Beseitigung des Königstors am Ausgang der Königstraße in Höhe des heutigen Amtsgerichts ließ man sich bis 1881 Zeit.

Aus heutiger Sicht mag man den Abbruch der Stadttore bedauern. Doch für die Bevölkerung war dies die Befreiung und der Einstieg in eine schlagartig einsetzende wirtschaftliche Belebung Rendsburgs ohne festungsmäßige Hindernisse.

Das Neu-Holsteiner Tor oder Königstor im Neuwerk (1881 abgebrochen).

Das Kronwerker Tor im Kronwerk (1853 abgebrochen).

Das Schleswiger Tor am nördlichen Ausgang der Altstadt (1855 abgebrochen).

Ein Gildetag, der unfreiwillig vor den Stadttoren endete

Anfang des 18. Jahrhunderts hatte König Friedrich IV. von Dänemark der Stadt Rendsburg zwei Fahnen geschenkt, die von der Bürgerschaft bei festlichen Anlässen zum Einsatz kommen sollten. Beide Fahnen – die eine aus dunkelroter, die andere aus gelber Seide – waren mit dem Wappen des Königs und der Krone bestickt. Darüber stand der lateinische Sinnspruch „Deus mihi adiutor" („Gott ist mein Helfer"). Mit diesen Fahnen marschierten die beiden Gilden der Altstädter und Neuwerker Schützenbrüder zu ihren gemeinsamen Gildefesten im alten Schützenhof. Vorher hatten sie im Alten Rathaus um Herausgabe der Fahnen gebeten. Die Altstädter Vogelschützengilde hatte von 1826 bis 1840 eine eigene Fahne, die auch im Alten Rathaus untergebracht war. Der Verbleib dieser Fahne ist bis heute unbekannt – man griff also ab dem Himmelfahrtstag 1840 dankbar auf die mittlerweile knapp 150-jährige gelbe Stadtfahne zurück (das rote Pendant war arg lädiert und kaum noch präsentabel).

Als die Gildefeste 1848 und 1849 durch die Schleswig-Holsteinische Erhebung ausfallen mussten, ergaben sich hochbrisante Spannungen zwischen den fahnentragenden Gilden und der dänischen Obrigkeit in der Festung. Und das kam so: Nach der zweijährigen Zwangspause hatten 1850 unbefugte Hände an die begehrte gelbe Stadtfahne dreifarbige Bänder gebunden – und es gab keinen Zweifel über die schleswig-holsteinische Farbgebung blau – weiß – rot. So zog man auch noch 1851 unbehelligt durch die Stadt. Doch wie groß war das Entsetzen bei Altstädter und Neuwerker Gildebrüdern, als 1852 die Zeit der Gildefeste gekommen war: An eine Ausleihe der Fahne war plötzlich nicht mehr zu denken! Spröde ließ der dänische Stadtkommandant ausrichten, dass die gelbe Königsfahne durch die Bänder entweiht worden sei, und vor diesem Hintergrund könne er eine Herausgabe nicht gestatten.

Die Rache folgte umgehend: Gegen alle bisher üblichen Gepflogenheiten luden weder Altstädter noch Neuwerker Gildebrüder dänische Offiziere und hohe Beamte zum Gildefest ein – und den Stadtkommandanten schon gar nicht! Beide Gilden zogen nun ohne Stadtfahne aus dem Königstor hinaus aus der Rendsburger Festung und strömten zum Schützenhof. Nachmittags folgten Frauen und Kinder und der gemeinsame Gildetag nahm einen fröhlichen Verlauf. Doch abends wurde das bunte Treiben durch ein heftiges Unwetter jäh beendet. Fluchtartig brach man auf und wollte nach Hause zurück. Doch alle Stadttore waren auf Befehl des Stadtkommandanten zwischenzeitlich verschlossen worden. Nach seinem Willen hätten nun die ausgesperrten Gildebrüder samt Frauen und Kindern über Nacht bei Regen und Wind vor den Stadtmauern biwakieren müssen. Doch der Wirt des Schützenhofs bot Unterschlupf und freute sich über die unerwartete Zeche.

Im Jahr darauf wurde erneut das Leihgesuch für die Stadtfahne durch den Stadtkommandanten abgelehnt. Nun wandte man sich an den Magistrat und erhielt Unterstützung durch den amtierenden Bürgermeister Julius Heinrich Wriedt. Wenige Tage später erfolgte die Antwort des Kommandanten – die Stadtfahne könne umgehend für die anstehenden Gildefeste herausgegeben werden, wenn diese mit einem zusätzlich aufgenähten Danebrog (die dänische Landesfahne) verziert worden sei. Doch dieser Kompromiss erschien den Älterleuten der Gilden zu heikel – man legte diesen Vorschlag erneut dem Magistrat zur Prüfung vor. Aber auch hier hatte man Bedenken und leitete den Vorgang an das übergeordnete Ministerium für die Herzogtümer Holstein und Lauenburg weiter: Das Ministerium möge „sich hochgeneigten allerhöchsten Orts dahin verwenden, dass den hiesigen alten Gilden der Gebrauch der von König Friedrich IV. geschenkten Stadtfahne auch ferner allergnädigst gestattet und der Kommandantschaft das in dieser Hinsicht Bezügliche zu erkennen gegeben werde." Mit diesem Antrag hatte der Magistrat Erfolg. Das Ministerium entschied zugunsten der Gilden, und am 17. Mai 1853 meldete ein Chronist: „Die Altstädter Vogelgilde zieht diesmal wieder mit fliegender Fahne aus, und es wird der Hauptgildetag in Anwesenheit des kommandierenden Generals von Krogh und des Festungskommandanten Helgesen gefeiert." Letzterer hatte sich also im „Fahnenstreit" der Entscheidung von höherer Stelle gefügt. Ob er jedoch genauso unbeschwert wie die fahnentragenden Gildebrüder der Altstädter Vogelschützengilde gefeiert hat, ist nicht überliefert.

Die Altstädter Vogelschützengilde zu Rendsburg ist die älteste auf Freiwilligkeit beruhende Vereinigung freier Bürger der Stadt Rendsburg. Das Bestehen der Gilde im Jahr 1531 ist urkundlich verbürgt. Sie ist aller Wahrscheinlichkeit nach parallel zu Kiel, Schleswig und Wilster in der Zeit von 1400 bis 1450 gegründet worden. Gemeinsam übten sich ihre Mitglieder damals im Armbrustschießen, später im Gebrauch von Musketen. Mit Erfolg: Im 17. Jahrhundert halfen die Gildebrüder gleich zweimal den Feind von den Toren der Stadt zu vertreiben. Der dänische König dankte es ihnen mit Steuerfreiheiten und einem „königlichen Gnadengeld".

Mit dem Ausbau der Stadt Rendsburg zu einer bedeutenden Festung im dänischen Königreich entstand ab 1690 der Stadtteil Neuwerk. Die dort siedelnden Bürger fanden sich schon bereits 1692 zu einer „Gemeinschaft auf Gegenseitigkeit" zusammen, nämlich zur Neuwerker Gilde. Diese beschränkte sich zunächst auf die gegenseitige Hilfe in Notfällen, auf eine Art der Feuerversicherung, aber auch auf eine Krankenversicherung auf Gegenseitigkeit zur Unterstützung weniger privilegierter Bürger. Unter dem dänischen Regenten Christian IV. wurde auch den Neuwerker Schützen das Tragen von Waffen gestattet, um im Ernstfall die Stadt zu verteidigen.

Neuwerker Gildebrüder im Schützengrund, 1868.

Die Altstädter Vogelschützengilde am Gildetag 1992.

Aufstellung der Neuwerker Scheibenschützengilde, 1924.

Wie der projektierte Nord-Ostsee-Kanal die Stadt ursprünglich teilen sollte

Am 25. Februar 1886 beriet der Berliner Reichstag über den Gesetzentwurf zur geplanten Trassenführung des Nord-Ostsee-Kanals. Vorbereitet war dieser in aufwendigen Planungen, die für Rendsburg einen einschneidenden Kanalverlauf zur Folge gehabt hätte, jedoch nicht realisiert wurde und uns heute im Rückblick völlig widersinnig erscheinen mag. Der vorgelegte Plan sah vor, dass der Kanal von der Nordsee kommend schon bei Oldenbüttel in den Eiderverlauf einscheren, in Höhe der Rendsburger Eiderschleuse am Packhaus in die Obereider geleitet und über den Audorfer See Richtung Kiel-Holtenau gebaut werden sollte. Zur damaligen Zeit war der Stadtnorden unmittelbar nach Abtragung der Festungswälle des Kronwerks brachliegendes Gelände mit nur sehr spärlicher Bebauung – Platz wäre also vorhanden gewesen. Doch die Realisierung hätte erhebliche Veränderungen in der Altstadt mit sich gebracht: Der Teil zwischen Hollesenstraße und Schleuskuhle wäre abgetragen und die Torstraße wäre als Sackgasse zum südlichen Kanalufer geführt worden. So surreal uns diese Planung heute vorkommen mag, so bestechend fand ihn die seinerzeitige Ratsversammlung, da sie sich von dem zentralen Kanalverlauf nördlich der Altstadt große wirtschaftliche Vorteile versprach. Aus heutiger Sicht darf nicht vergessen werden, dass Ende des 19. Jahrhunderts das besiedelte Stadtgebiet südlich des Neuwerks auf der Linie Ritter-, Grafen-, Baron- und Herrenstraße so gut wie auslief und nur lose Bebauungen mit dem Krankenhaus (heute: Musikschule) in Richtung der Wehrau und der Infanteriekaserne (heute: Uhrenblock) an der Landstraße nach Kiel verzeichnen waren (s. Stadtplan).

Doch zurück zum geplanten „Altstadt-Kanalverlauf“: In der Konsequenz hätte sich der Margaretenhof in erster Reihe am nördlichen Kanalufer befunden – jedoch nur bis zur ersten Erweiterung des Kanalbetts ab 1911 – dann wäre er dem Ausbau zum Opfer gefallen. Die Eiderschleuse wäre überflüssig geworden, der Stadtteil Kronwerk und die Gemeinde Büdelsdorf mit den prosperierenden Betrieben der Carlshütte, Paap sowie Thormann & Ungnad wären mit einem direkten Zugang zum NOK bedacht worden. Die Querung des Kanals hätte die Stadt allerdings vor erhebliche Probleme gestellt, da den nach Eröffnung des NOK immer wieder folgenden Vertiefungen und Verbreiterungen des Kanalbetts scheibchenweise Teile der Rendsburger Altstadt hätten geopfert werden müssen. Und eine Rampenführung für einen Tunnel oder eine Brücke (inklusive Eisenbahn) über den Kanal im Stadtgebiet wäre nicht möglich gewesen. Auch die Gewerbegebiete im Stadtnorden mit der Friedrichstädter und Büsumer Straße, die Wohngebiete Kronwerk, Rotenhof und Mastbrook würde es heute nicht geben. Konsequent wäre zudem eine fortschreitende städtebauliche Entwicklung Richtung Süden mit dann möglichem Anschluss an die Gemeinden Schacht-Audorf, Osterrönfeld und Westerrönfeld gewesen.

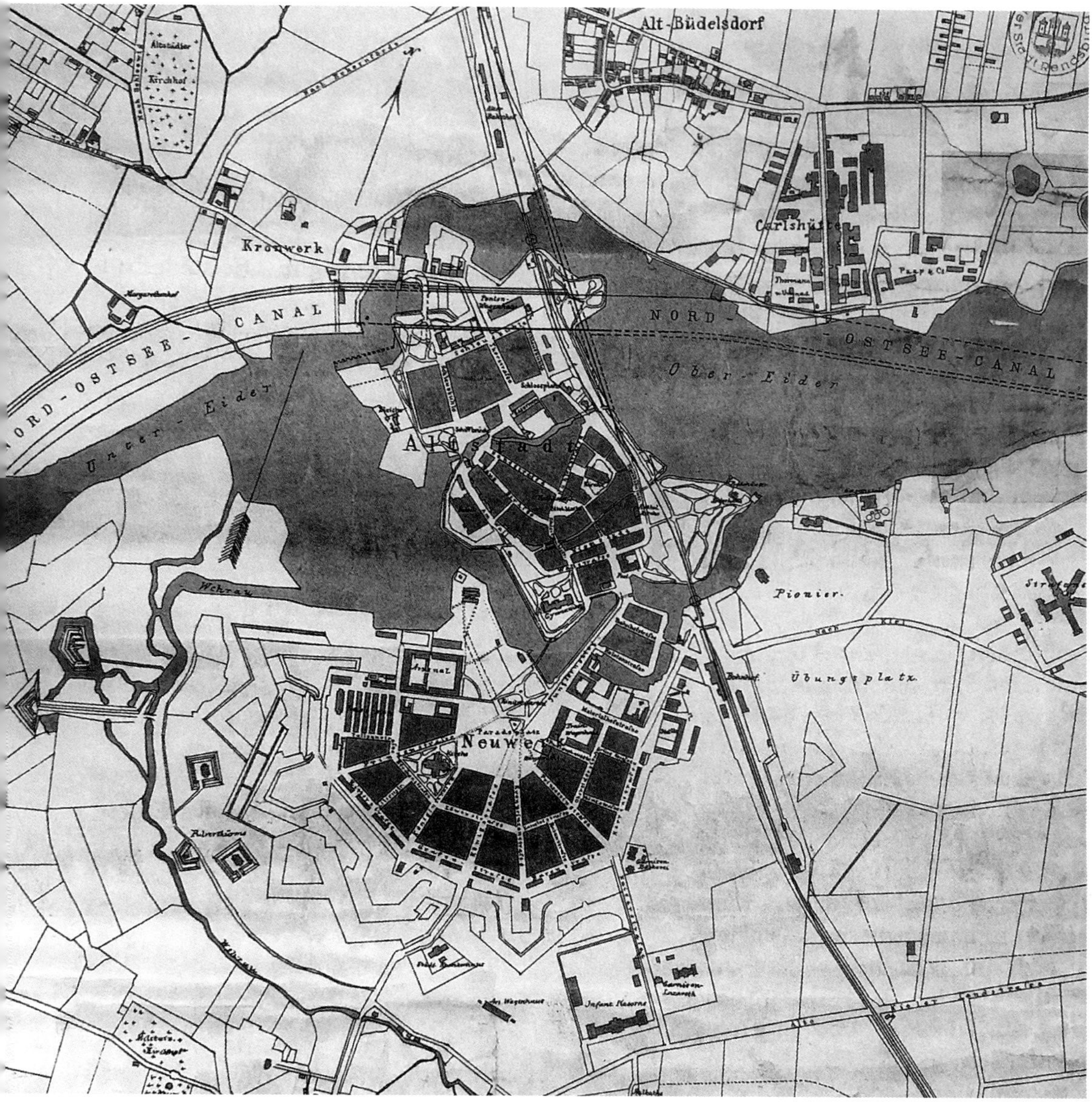

Plan für die Trassenführung des Nord-Ostsee-Kanals aus dem Jahr 1886.

Heute wissen wir, dass all diese Gedankenspiele zur ersten Trassenführung des NOK quer durch Rendsburg Theorie geblieben sind. Denn im Laufe des Jahres 1888 wurde der letztendlich umgesetzte und bekannte Kanalverlauf festgelegt – auf Wunsch der Admiralität, die den Kanal aus militärischer Sicht nicht mitten durch eine Stadt legen wollte. Zudem konnte damit die notwendige und aufwendige Senkung des Wasserspiegels der Eider um gute zwei Meter ab Oldenbüttel vermieden werden.

Stadtplan von Rendsburg aus den 1920er-Jahren.

Schiffe und Schiffbau an Eider und Kanal

Die Charakteristik, die Mentalität Rendsburgs ist seit ihrer Gründung eng mit dem Wasser verbunden. Die ersten Ansiedlungen erfolgten auf einer Eiderinsel als natürlichem Schutz – die weitere Entwicklung der Stadt hin zur zweitwichtigsten Festung im Königreich Dänemark und ihre Sicherung durch die Eider als natürlichem Grenzverlauf bis 1864 stehen für sich. Der Schiffsverkehr zwischen Ost- und Nordsee war mit dem Aufkommen der Hanse im 12. Jahrhundert für den Handel von großer Bedeutung geworden – gerade für Rendsburg. Denn die Stadt lag an einer bedeutenden Handelsroute von Nord nach Süd: dem Ochsenweg. Und in Rendsburg wurde Ware entladen, verladen, umgepackt für den Weitertransport an Land oder auf dem Wasser. Dabei war die Seepassage um die Nordspitze Dänemarks herum jedoch schon damals eine seemännische Herausforderung, die mit hohen Risiken verbunden war. Die Route galt wegen unberechenbarer Winde in Verbindung mit starken Strömungen als tückisch und führte oft zu Havarien. So versuchte im 16. Jahrhundert zuerst der Dänenkönig Christian III. und später Herzog Adolf I. von Gottorf den Plan zum Bau eines Verbindungskanals voranzutreiben. Am 14. April 1774 setzte König Christian VI. von Dänemark eine Kanalkommission ein. Die tatsächlichen Bauarbeiten begannen ab 1777 bei Kiel-Holtenau. Der Bau folgte teilweise dem Flussverlauf der Levensau, von wo aus man einen etwa 34 Kilometer langen Kanal bis nach Rendsburg anlegte. Dort endete er, nach sieben Jahren Bauzeit, in der Eider. Von dort gelangten die Schiffe bis nach Tönning und in die Nordsee. Der Kanal hatte sechs Schleusen, eine Wasserspiegelbreite von ungefähr 28 Metern, eine Sohle von 16 Metern und eine Tiefe von 3,5 Metern. Die Schiffe im Eiderkanal konnten oft wegen ungünstiger Winde nicht hindurchsegeln. Schiffsmotoren gab es noch nicht – und so wurden sie mit Pferden und Tauen vom Ufer aus durch den Kanal gezogen („getreidelt").

Mit dem Eiderkanal begann der Schiffbau in der Region. Allein in Nübbel – einem wenige hundert Einwohner zählenden Dorf westlich der Stadt – gab es bis 1913 bis zu acht Werften. Zu den dort gebauten Schiffstypen gehörten Schoner, Schniggen und Galioten, die sich im Aufbau, in der Takelung, der Ladekapazität und Seetüchtigkeit voneinander unterschieden. Als im 19. Jahrhundert die Dampfkraft erfunden und Einzug in den modernen Schiffbau fand, bedeutete dies das absehbare Ende des Eiderkanals. Nun wurden die Schiffe durch Schiffsmotoren angetrieben und konnten immer größer gebaut werden. Der Kanal konnte diese neuen Schiffstypen nicht mehr aufnehmen. Kein Zweifel: Ein neuer Kanal musste her. Großer Verfechter des Projekts war Otto von Bismarck, der Kaiser Wilhelm I. 1878 einen Neubauplan vorlegte. Dieser Plan verband die immer lauter werdenden Forderungen aus der zivilen Handelsschifffahrt mit denen aus der Kaiserlichen Marine, denen eine Präsenz auch in der Ostsee immer wichtiger wurde. Die Grundsteinlegung für dieses Jahrhundertbauwerk erfolgte 1887. Bereits am 20. Juni 1895 wurde mit der Durchquerung der kaiserlichen Yacht „Hohenzollern" der Nord-Ostsee-Kanal (bei Eröffnung „Kaiser-Wilhelm-Kanal") durch Kaiser Wilhelm II. offiziell eingeweiht.

Die Werft des Schiffszimmerers Jürgen Ohm in Nübbel, 1892.

Der Schiffbau in der Region änderte sich nunmehr rasant und richtete sich zunehmend an den jeweiligen Bedürfnissen des Marktes aus. Stählerne Handelsschiffe wurden von Kriegsschiffen abgelöst, statt Freizeit-Segelbooten baute man nun Mega-Yachten für anonym bleibende Auftraggeber. Damit einher gingen Aufstieg und Niedergang der Werften in der Region Rendsburg – eine Entwicklung, die bis heute die Menschen in der Stadt und umzu beschäftigt und bewegt.

Die Galiote „Grünhorst" (Baujahr 1830) und die Galeasse „Najade" (Baujahr 1826) der Reederei Johann Paap, Rendsburg.

Die Belegschaft der Werft Ohm im Jahr 1910.

Ebenfalls erhältlich ...

ISBN 978-3-96303-506-7

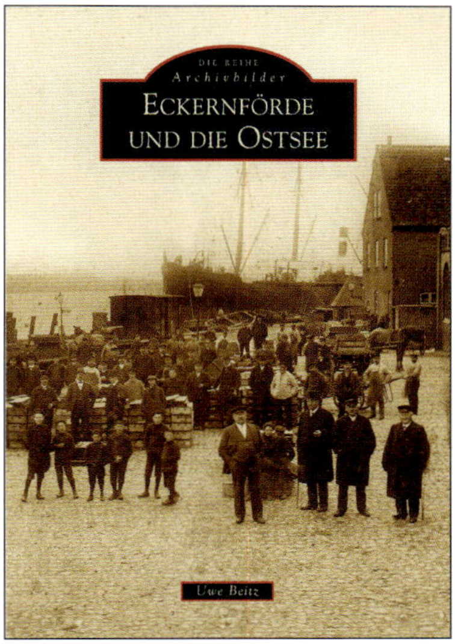

ISBN 978-3-89702-694-0